工科系学生のための
微分方程式講義

吉野邦生・吉田 稔・岡 康之
共著

培風館

本書の無断複写は，著作権法上での例外を除き，禁じられています。
本書を複写される場合は，その都度当社の許諾を得てください。

まえがき

　物理学，工学に現れる物理法則は多くの場合，微分方程式で記述される．したがって微分方程式の理論は，数学だけでなく物理学の立場からも工学の立場からも必要不可欠である．

　微分方程式には，独立変数の数が 1 変数の常微分方程式と独立変数の数が 2 変数以上の偏微分方程式がある．たとえば，量子力学にでてくるシュレディンガー方程式，流体力学に登場するナビエ・ストークス方程式は，典型的な偏微分方程式の例である．我々の住んでいる世界は時空 4 次元なので，もちろん，偏微分方程式の理論が必要であるが，常微分方程式の理論の理解なしにはそれは不可能である．したがって，本書では，常微分方程式の理論について解説する．ピアノの練習がバイエルからはじまるようなものである．常微分方程式の理論は偏微分方程式の解法 (変数分離法) で使われ，この点においても重要なのである．なお，本書では微分方程式を解く求積法が中心であるが，まずはその解法を身につけていただきたい．

　第 1 章では，基本的な微分積分について復習したうえで，常微分方程式の基礎である 1 階微分方程式について解説する．まず，基本中の基本である変数分離型微分方程式の解法について解説する．ついで，幾何学の問題でよく現れる同次形微分方程式について解説する．さらに，1 階線形微分方程式について解説した後，ベルヌーイ型微分方程式，リッカチ型微分方程式へと進む．ベルヌーイ型微分方程式，リッカチ型微分方程式の解法は，ソリトン方程式の解法に関連して研究された "非線形方程式を線形化して解く" というアイデアの原型である．リッカチ型微分方程式は，見かけは 1 階微分方程式であるが，本質的には 2 階線形微分方程式であり，2 階線形微分方程式の理論との架け橋である．なお，特に本章では「手順にしたがって解く」ことに重点をおいて記述している．

第 2 章では，2 階線形微分方程式について解説する．2 階線形微分方程式は物理現象に直結するのでこの章は特に重要である．大学院入試でも非常によく出題される部分である．少し理論的に思えるかもしれないが，その解説自体が 2 階線形微分方程式の解法そのものにつながるので，じっくり取り組んでもらいたい．

　第 3 章では，常微分方程式の級数による解法について解説する．その際に，いわゆる特殊関数，直交多項式についてもふれる．級数解法は適用できる範囲は限られるが，この分野は現在でも研究 (ボレル総和法等) が進行中であり，決して過去の遺物ではない．

　第 4 章では，ラプラス変換による微分方程式の解法について解説する．ラプラス変換は演算子法，制御工学で非常に重要である．少しレベルが高い内容ではあるが，計算式もていねいに与えてあるので，まずは，その計算手法を身につけてもらいたい．

　週 1 回 90 分の講義では，本書の第 1 章，第 2 章あたりで定期試験ということになる．

　本書により，微分方程式の基礎とその解法の理解を深め，さらにはその理論的背景を垣間見ることで，将来専門課程に進んだ際に，ここで学んだ微分方程式の取り扱い方・解法がおおいに役立つことを願ってやまない．

　最後に，本書の執筆を通じて終始お世話になった培風館の岩田誠司氏に感謝の辞を述べたい．

　　2013 年 1 月

著者らしるす

目　次

公　式　集 　　　　　　　　　　　　　　　　　　　　　　　　　　　　　*v*

1.　1階微分方程式　　　　　　　　　　　　　　　　　　　　　　　*1*
　1.1　は じ め に 1
　1.2　変数分離型微分方程式 12
　1.3　同次形微分方程式 19
　1.4　1階線形微分方程式 25
　1.5　ベルヌーイ型微分方程式 33
　1.6　リッカチ型微分方程式 39
　1.7　同じ問題に対する異なる解法 43
　1.8　応　　　用 45
　1.9　章 末 問 題 51

2.　2階線形常微分方程式と連立線形常微分方程式　　　　　　　　　　*53*
　2.1　定数係数2階線形同次・非同次常微分方程式の解の構造 53
　2.2　特性方程式と定数係数2階線形常微分方程式の解法 56
　2.3　階数低下法と一般の2階線形常微分方程式の解法 67
　2.4　定数変化法による解法(ロンスキャンによる解の表記) 70
　2.5　消去法による定数係数連立1階線形微分方程式の解法 74
　2.6　行列表記による定数係数連立線形常微分方程式の解法 77
　2.7　章 末 問 題 83

3. べき級数による常微分方程式の解法と解の表示　　*87*

　3.1　べき級数の性質と基本定理 87

　3.2　べき級数に展開できない係数をもつ微分方程式の級数解
　　　　(フロベニウス法) 95

　3.3　章末問題 99

4. ラプラス変換と微分方程式　　*101*

　4.1　ラプラス変換の定義 101

　4.2　ラプラス変換の具体例 105

　4.3　ラプラス変換に関するいくつかの数学的事実 107

　4.4　ラプラス変換の性質 110

　4.5　微分方程式への応用 (逆ラプラス変換 $\mathcal{L}^{-1}$) 124

　4.6　章末問題 143

A. 付　録　　*145*

　A.1　線形代数学の基本事項の復習と第2章の定理の解説・証明 ... 145

　A.2　第4章の命題の証明 156

B. 練習問題および章末問題の略解　　*163*

参考文献　　*170*

索　引　　*171*

公 式 集

- 微分方程式の解法

変数分離型： $\dfrac{dy}{dx} = f(x)g(y) \Longrightarrow \displaystyle\int \dfrac{1}{g(y)}\,dy = \int f(x)\,dx + C$　(p.13)

同 次 形： $\dfrac{dy}{dx} = f\left(\dfrac{y}{x}\right)$, $u = \dfrac{y}{x}$ とおいて変数分離型へ．(p.20)

1 階 線 形： $\dfrac{dy}{dx} + p(x)y = q(x)$ の一般解　(p.26〜27)

$$y = e^{-\int p(x)dx} \int q(x)e^{\int p(x)dx}dx + C.$$

ベルヌーイ型： $\dfrac{dy}{dx} = p(x)y + q(x)y^n$　(p.33)

$$\begin{cases} n = 0 \text{ のとき 1 階線形．} \\ n = 1 \text{ のとき変数分離型．} \\ n \neq 0, 1 \text{ のとき } u = y^{1-n} \text{ とおいて 1 階線形へ．} \end{cases}$$

リッカチ型： $\dfrac{dy}{dx} = a(x) + b(x)y + c(x)y^2$　(p.40)

$$\begin{cases} a(x) = 0 \text{ のとき，} n = 2 \text{ のベルヌーイ型．} \\ \text{みつかった 1 つの解 } y_1 \text{ を用い } y = y_1 + \dfrac{1}{u} \text{ とおいて 1 階線形へ．} \end{cases}$$

定数係数 2 階線形同次： $y'' + py' + qy = 0$，特性方程式 $\lambda^2 + p\lambda + q = 0$

一般解 $\begin{cases} 2 \text{ 実解 } \lambda_1, \lambda_2 \text{ のとき，} & y = c_1 e^{\lambda_1 x} + c_2 e^{\lambda_2 x} \quad \text{(p.57〜58)} \\ \text{重解 } \lambda \text{ のとき，} & y = c_1 e^{\lambda x} + c_2 x e^{\lambda x} \\ \text{複素数解 } \lambda_1, \lambda_2 \text{ のとき，} & y = c_1 e^{-\frac{1}{2}px} \cos \omega x + c_2 e^{-\frac{1}{2}px} \sin \omega x \end{cases}$

$\left(\text{ただし，} \lambda = -\dfrac{p}{2},\ \lambda_1 = \dfrac{-p + \sqrt{p^2 - 4q}}{2},\ \lambda_2 = \dfrac{-p - \sqrt{p^2 - 4q}}{2},\ \omega = \sqrt{q - \dfrac{1}{4}p^2}\right)$

一般の 2 階線形非同次： $y'' + p(x)y' + q(x)y = R(x)$

一般解　$y = (y'' + p(x)y' + q(x)y = 0$ の一般解 $y_1, y_2) + $ (特解 y_p)　(p.55)

- ラプラス変換 (p.105)

関数 $f(t)$	関数 $f(t)$ のラプラス変換 $\mathcal{L}[f](s)$	関数 $f(t)$	関数 $f(t)$ のラプラス変換 $\mathcal{L}[f](s)$
1	$\dfrac{1}{s}$ (Re $s>0$)	e^{at}	$\dfrac{1}{s-a}$ (Re$(s-a)>0$)
t	$\dfrac{1}{s^2}$ (Re $s>0$)	$e^{i\omega t}$	$\dfrac{1}{s-i\omega}$ (Re $s>0$)
t^2	$\dfrac{2!}{s^3}$ (Re $s>0$)	$e^{-i\omega t}$	$\dfrac{1}{s+i\omega}$ (Re $s>0$)
$t^{-\frac{1}{2}}$	$\sqrt{\dfrac{\pi}{s}}$ ($s>0$)	$\sin(\omega t)$	$\dfrac{\omega}{s^2+\omega^2}$ (Re $s>0$)
t^n	$\dfrac{n!}{s^{n+1}}$ (Re $s>0$)	$\cos(\omega t)$	$\dfrac{s}{s^2+\omega^2}$ (Re $s>0$)

- 微分積分に関連する公式

逆三角関数：

$$\left(\sin^{-1}\frac{x}{a}\right)' = \frac{1}{\sqrt{a^2-x^2}}\ (a>0),\quad \left(\cos^{-1}\frac{x}{a}\right)' = -\frac{1}{\sqrt{a^2-x^2}}\ (a>0),$$

$$\left(\tan^{-1}\frac{x}{a}\right)' = \frac{a}{a^2+x^2}$$

双曲線関数：

$$\sinh x = \frac{e^x - e^{-x}}{2} = (\cosh x)',\quad \cosh x = \frac{e^x + e^{-x}}{2} = (\sinh x)',$$

$$\tanh x = \frac{\sinh x}{\cosh x} = \frac{e^x - e^{-x}}{e^x + e^{-x}},\quad \cosh^2 x - \sinh^2 x = 1$$

ライプニッツの定理： $(f\cdot g)^{(n)} = \sum\limits_{r=0}^{n} {}_n\mathrm{C}_r\ f^{(n-r)} \cdot g^{(r)}$

テイラー展開： $f(a+h) = f(a) + \dfrac{f'(a)}{1!}h + \dfrac{f''(a)}{2!}h^2 + \cdots$

$$+ \frac{f^{(n-1)}(a)}{(n-1)!}h^{n-1} + \frac{f^{(n)}(a+\theta h)}{n!}h^n \quad (0<\theta<1)$$

公 式 集

マクローリン展開： $f(x) = f(0) + \dfrac{f'(0)}{1!}x + \dfrac{f''(0)}{2!}x^2 + \cdots$
$$+ \dfrac{f^{(n-1)}(0)}{(n-1)!}x^{n-1} + \dfrac{f^{(n)}(\theta x)}{n!}x^n \quad (0 < \theta < 1)$$

主なマクローリン級数：

$$e^x = 1 + \dfrac{x}{1!} + \dfrac{x^2}{2!} + \cdots + \dfrac{x^n}{n!} + \cdots \quad (|x| < \infty)$$

$$\sin x = x - \dfrac{x^3}{3!} + \cdots + (-1)^n \dfrac{x^{2n+1}}{(2n+1)!} + \cdots \quad (|x| < \infty)$$

$$\cos x = 1 - \dfrac{x^2}{2!} + \cdots + (-1)^n \dfrac{x^{2n}}{(2n)!} + \cdots \quad (|x| < \infty)$$

$$\log(1+x) = x - \dfrac{x^2}{2} + \dfrac{x^3}{3} - \cdots + (-1)^{n-1}\dfrac{x^n}{n} + \cdots \quad (-1 < x \leqq 1)$$

$$(1+x)^\alpha = 1 + \dfrac{\alpha}{1!}x + \dfrac{\alpha(\alpha-1)}{2!}x^2 + \cdots + \binom{\alpha}{n}x^n + \cdots \quad (|x| < 1)$$

ダランベールの判定法：

$$a_n > 0, \ \lim_{n\to\infty} \dfrac{a_{n+1}}{a_n} = l \ \text{ならば,} \ \sum_{n=0}^{\infty} a_n \ \text{は} \begin{cases} l < 1 \ \text{のとき収束,} \\ l > 1 \ \text{のとき発散.} \end{cases}$$

べき級数の収束： $\sum\limits_{n=0}^{\infty} a_n x^n$ ： $\lim\limits_{n\to\infty}\left|\dfrac{a_{n+1}}{a_n}\right| = \rho$ ならば収束半径 $R = \dfrac{1}{\rho}$.

($|x| < R$ で絶対収束, 項別微分可能, 項別積分可能.)

平均値の定理： $f(a+h) = f(a) + f'(a+\theta h)h \quad (0 < \theta < 1)$

極限の公式： $\lim\limits_{x\to\pm\infty}\left(1 + \dfrac{1}{x}\right)^x = e,$

$$\lim_{x\to\pm\infty}\left(1 + \dfrac{a}{x}\right)^x = e^a,$$

$$\lim_{x\to\infty}(1+x)^{\frac{1}{x}} = e \quad (e = 2.71828\cdots)$$

オイラーの公式： $e^{i\theta} = \cos\theta + i\sin\theta$ （p.60, 103）

関　数	原　始　関　数
$x^\alpha \ (\alpha \neq -1)$	$\dfrac{1}{\alpha+1} x^{\alpha+1}$
$\dfrac{1}{x}$	$\log|x|$
$\dfrac{1}{x^2+a^2} \ (a \neq 0)$	$\dfrac{1}{a} \tan^{-1} \dfrac{x}{a}$
$\dfrac{1}{x^2-a^2} \ (a \neq 0)$	$\dfrac{1}{2a} \log \left|\dfrac{x-a}{x+a}\right|$
$\dfrac{1}{\sqrt{a^2-x^2}} \ (a > 0)$	$\sin^{-1} \dfrac{x}{a}$
$\dfrac{1}{\sqrt{x^2+A}} \ (A \neq 0)$	$\log|x+\sqrt{x^2+A}\,|$
$\sqrt{a^2-x^2} \ (a > 0)$	$\dfrac{1}{2}\left(x\sqrt{a^2-x^2}+a^2\sin^{-1}\dfrac{x}{a}\right)$
$\sqrt{x^2+A} \ (A \neq 0)$	$\dfrac{1}{2}(x\sqrt{x^2+A}+A\log|x+\sqrt{x^2+A}\,|)$
$\tan x$	$-\log|\cos x|$
$\dfrac{1}{\cos^2 x}$	$\tan x$
$\dfrac{1}{\sin^2 x}$	$-\dfrac{1}{\tan x}$
$a^x \ (a > 0, \ a \neq 1)$	$\dfrac{a^x}{\log a}$
$\log x$	$x\log x - x$

(積分定数は省略)

部分積分法：$\displaystyle\int g'(x)f(x)\,dx = g(x)f(x) - \int g(x)f'(x)\,dx$

置換積分法：$\displaystyle\int F(f(x))f'(x)\,dx = \int F(y)\,dy \quad (y = f(x))$

$\displaystyle\int R\left(x, \sqrt[n]{\dfrac{ax+b}{cx+d}}\right)dx$ では $\sqrt[n]{\dfrac{ax+b}{cx+d}} = t$ とおく．

$\displaystyle\int R(x, \sqrt{x^2+A}\,)\,dx$ では $x + \sqrt{x^2+A} = t$ とおく．

$\displaystyle\int R(\sin x, \cos x)\,dx$ では $\tan \dfrac{x}{2} = t$ とおく．

1

1階微分方程式

1.1 はじめに

1.1.1 微分方程式とは？

未知関数の導関数の間の関係式を**微分方程式**という．たとえば，

$$\frac{dy}{dx} = xy, \qquad F = m\frac{d^2x(t)}{dt^2}$$

である．1階導関数までしか現れない場合を**1階微分方程式**といい，2階導関数までしか現れない場合を**2階微分方程式**という．$\frac{dy}{dx} = xy$ は1階微分方程式であり，$F = m\frac{d^2x(t)}{dt^2}$ は2階微分方程式である．多くの物理法則がニュートンの運動方程式 $F = ma = m\frac{d^2x(t)}{dt^2}$ にもとづいているため，だいたいが2階微分方程式まですむ．数理物理学で重要なルジャンドル多項式，ベッセル関数，ガウスの超幾何関数などの多くの特殊関数は，2階線形微分方程式の解である．

1.1.2 微分方程式をつくる

微分方程式は，物理法則，数学的条件等をもとにしてつくる．たとえば，原点を中心とする同心円を微分方程式で記述してみよう．

―― 原点を中心とする同心円の満たす微分方程式 ――

円の方程式 $x^2 + y^2 = C^2$ (C は定数) の両辺を x について微分すると $2x + 2y\dfrac{dy}{dx} = 0$ となる.

$$\therefore \quad \frac{dy}{dx} = -\frac{x}{y}$$

これが原点を中心とする同心円を特徴づける微分方程式である.

次に，曲線の長さに関する問題をつくってみよう．

―― 曲線の長さに関する微分方程式 ――

曲線の長さの式 $\displaystyle\int_0^x \sqrt{1+y'(t)^2}\,dt = f(x)$ の両辺を x について微分すると

$$\sqrt{1+y'(x)^2} = f'(x),$$

$$\therefore \quad y'(x) = \pm\sqrt{f'(x)^2 - 1}$$

これが与えられた関数 $f(x)$ を曲線の長さにもつ曲線を特徴づける微分方程式である.

1.1.3 微分方程式を解く

$\dfrac{dy}{dx} = f(x,y)$ 等という微分方程式が与えられたとする．導関数を含まない x, y の間の関係式が求められたときに**微分方程式が解けた**という．解の表示法が 1 つとは限らないので注意する必要がある．解の表示法としては次の 3 つがある．

―― 解の表示法 ――

(1) $y = g(x)$ または，$x = h(y)$ という表示．

(2) $G(x, y) = 0$ という陰関数表示．

(3) $x = x(t),\ y = y(t)$ という媒介変数表示．

1.1 はじめに

たとえば，微分方程式 $\dfrac{dy}{dx} = -\dfrac{x}{y}$ の解は，C を任意定数として

(1) $y = \pm\sqrt{C^2 - x^2}, \quad x = \pm\sqrt{C^2 - y^2}$
(2) $x^2 + y^2 = C^2$
(3) $x = C\cos t, \quad y = C\sin t$

の3通りの表示が可能となる．また，与えられた微分方程式の解き方も複数ある．本書では，同じ問題を違う方法で解くことについても解説してある (1.7 節)．

1.1.4 微分方程式を解くための基本事項

微分方程式を解くためには微分積分の知識が必要である．したがって，微分積分の計算練習が必須である．

(1) 基本的な関数の微分の公式

微分方程式を解くために必要な基本的な関数の微分の公式をまとめておく．

$\dfrac{d}{dx} x^n = nx^{n-1}, \qquad \dfrac{d}{dx} \log|x| = \dfrac{1}{x}$

$\dfrac{d}{dx} \sin x = \cos x, \qquad \dfrac{d}{dx} \cos x = -\sin x, \qquad \dfrac{d}{dx} \tan x = \dfrac{1}{\cos^2 x}$

$\dfrac{d}{dx} \log\cos x = -\tan x$

$\dfrac{d}{dx} \sinh x = \cosh x, \qquad \dfrac{d}{dx} \cosh x = \sinh x, \qquad \dfrac{d}{dx} \log\cosh x = \tanh x$

$\dfrac{d}{dx} \log(x + \sqrt{x^2 + 1}) = \dfrac{1}{\sqrt{x^2 + 1}}$

$\dfrac{d}{dx} e^x = e^x, \qquad \dfrac{d}{dx} a^x = (\log a)a^x, \qquad \dfrac{d}{dx} 2^x = (\log 2)2^x$

$\dfrac{d}{dx} \sin^{-1} x = \dfrac{1}{\sqrt{1-x^2}}, \qquad \dfrac{d}{dx} \cos^{-1} x = \dfrac{-1}{\sqrt{1-x^2}}, \qquad \dfrac{d}{dx} \tan^{-1} x = \dfrac{1}{1+x^2}$

$\dfrac{d}{dx} \displaystyle\int_a^x f(t)\, dt = f(x)$

注意　以上の公式において
$$\sinh x = \frac{e^x - e^{-x}}{2}, \quad \cosh x = \frac{e^x + e^{-x}}{2}, \quad \tanh x = \frac{e^x - e^{-x}}{e^x + e^{-x}}$$
は双曲線関数であり，
$$\sin^{-1} x, \quad \cos^{-1} x, \quad \tan^{-1} x$$
は逆三角関数である． ■

（2）微分に関する基本事項

関数 $f(x)$ が定数関数であるための条件
$$f'(x) = 0 \iff f(x) \text{ は定数関数} \tag{1.1.1}$$

この単純素朴な事実が微分方程式を解く際に役に立つ．次はその例である．

例題 1.1　次を示せ．
$$\sin^{-1} x + \cos^{-1} x = \frac{\pi}{2} \quad (-1 \leqq x \leqq 1)$$

【解】　与えられた式の左辺を x について微分すると
$$\frac{d}{dx}\left(\sin^{-1} x + \cos^{-1} x\right) = \frac{1}{\sqrt{1-x^2}} - \frac{1}{\sqrt{1-x^2}} = 0$$
となる．したがって，
$$\sin^{-1} x + \cos^{-1} x = C \quad (C : \text{定数})$$
がわかる．

$x = 0$ を代入して，$C = \sin^{-1} 0 + \cos^{-1} 0 = \dfrac{\pi}{2}$．

ゆえに，$\sin^{-1} x + \cos^{-1} x = \dfrac{\pi}{2}$． □

● **練習問題 1.1**　次を示せ．
(1) $\tan^{-1} x + \tan^{-1} \dfrac{1}{x} = \dfrac{\pi}{2} \quad (x > 0)$
(2) $\tan^{-1} x + \tan^{-1} \dfrac{1}{x} = -\dfrac{\pi}{2} \quad (x < 0)$

1.1 はじめに

> **例題 1.2** 次の微分方程式を解け.
> $$xy' + y = 0$$

【解】 $(xy)' = xy' + y$ であるので,与式は $(xy)' = 0$ となる.ゆえに
$$xy = C \quad (C:定数).\qquad\square$$

> **例題 1.3** 次の微分方程式を解け.
> $$xy' + y - 2 = 0$$

【解】 $(xy)' - 2 = 0$ であるから,両辺を積分して,$xy - 2x = C$ (C:定数) がわかる.これを y について解くと $y = \dfrac{C}{x} + 2$. $\qquad\square$

> **例題 1.4** 次の微分方程式を解け.
> $$(x+y)(1+y') = 1$$

【解】 $(x+y)' = 1 + y'$ であるので
$$\{(x+y)^2\}' = 2(x+y)(1+y')$$
である.したがって,与えられた微分方程式は
$$\frac{1}{2}\{(x+y)^2\}' = 1$$
となる.ここで $\{(x+y)^2\}' = 2$ の両辺を積分して
$$(x+y)^2 = 2x + C \quad (C:定数).$$
$$\therefore\ x+y = \pm\sqrt{2x+C}$$
よって,$y = -x \pm \sqrt{2x+C}$. $\qquad\square$

―― エネルギー保存の法則 ――

例題 1.5 m は質量,$x(t)$ は位置,$v(t)$ は速度,$V(x)$ は位置エネルギーとするとき,$\frac{1}{2}mv^2 + V(x)$ は定数であることを示せ.

【解】 $\frac{1}{2}mv^2 + V(x)$ を時間 t について微分する.

$$\frac{d}{dt}\left(\frac{1}{2}mv^2 + V(x)\right) = mv\frac{dv}{dt} + \frac{dV}{dx}\frac{dx}{dt}$$

$$= mva - Fv = v(ma - F) = 0$$

ここで,位置と速度の関係 $v = \dfrac{dx}{dt}$,ニュートンの運動方程式 $F = ma$,および,力と位置エネルギーの関係 $F = -\dfrac{dV}{dx}$ を用いた.

したがって,

$$\frac{1}{2}mv^2 + V(x) = C \quad (C:\text{定数}).$$

物理学では通常この定数 C を E で表し,いま示した事実

$$\frac{1}{2}mv^2 + V(x) = E$$

をエネルギー保存の法則とよぶ. □

次に,接線の方程式,法線の方程式について復習しておこう.

―― 接線の方程式 ――

曲線 $y = f(x)$ 上の点 $(a, f(a))$ における接線の方程式は

$$y = f'(a)(x - a) + f(a) \tag{1.1.2}$$

である.

1.1 はじめに

例題 1.6 曲線 $y = e^{2x}$ 上の点 (a, e^{2a}) における接線が x 軸と交わる点を A とし，x 軸上の点 $(a, 0)$ を B とする．このとき AB を求めよ．

【解】 曲線 $y = e^{2x}$ 上の点 (a, e^{2a}) における接線の方程式は
$$y = 2e^{2a}(x - a) + e^{2a}$$
である．したがって，$A\left(a - \dfrac{1}{2}, 0\right)$ である．$B(a, 0)$ であるので，$AB = \dfrac{1}{2}$ である． □

● **練習問題 1.2** 曲線 $y = e^{bx}$ 上の点 (a, e^{ba}) における接線が x 軸と交わる点を A とし，x 軸上の点 $(a, 0)$ を B とする．このとき AB を求めよ．

――――― **法線の方程式** ―――――

曲線 $y = f(x)$ 上の点 $(a, f(a))$ における法線の方程式は

(1) $f'(a) \neq 0$ のとき
$$y = \dfrac{-1}{f'(a)}(x - a) + f(a) \tag{1.1.3}$$
である．

(2) $f'(a) = 0$ のとき $x = a$ である．

例題 1.7 曲線 $y = \sqrt{x}$ 上の点 $(a, \sqrt{a})$ における法線が x 軸と交わる点を A とし，x 軸上の点 $(a, 0)$ を B とする．このとき AB を求めよ．

【解】 $y = \sqrt{x}$ 上の点 $(a, \sqrt{a})$ における法線の方程式は，
$$y = -2\sqrt{a}(x - a) + \sqrt{a}$$
である．したがって，$A\left(a + \dfrac{1}{2}, 0\right)$ である．$B(a, 0)$ であるので，$AB = \dfrac{1}{2}$ である． □

● **練習問題 1.3** 曲線 $y = b\sqrt{x}$ 上の点 $(a, b\sqrt{a})$ における法線が x 軸と交わる点を A とし，x 軸上の点 $(a, 0)$ を B とする．このとき AB を求めよ．

以下に，基本的な微分の公式をまとめておく．

積の微分の公式

$$(f(x)g(x))' = f'(x)g(x) + f(x)g'(x) \tag{1.1.4}$$

● 練習問題 1.4　次の関数を微分せよ．

(1)　xe^x　　(2)　xe^{-x^2}　　(3)　$x\sin x$　　(4)　$x\log x$

(5)　$e^x \cos x$　　(6)　$\cos x \sin x$　　(7)　$e^{-x^2}\cos x$

商の微分の公式

$$\left\{\frac{f(x)}{g(x)}\right\}' = \frac{f'(x)g(x) - f(x)g'(x)}{g(x)^2} \tag{1.1.5}$$

● 練習問題 1.5　次の関数を微分せよ．

(1)　$\tan x$　　(2)　$\tanh x$　　(3)　$\dfrac{\sin x}{x}$　　(4)　$\dfrac{e^x - 1}{e^x + 1}$

合成関数の微分の公式

$$\frac{dF(g(x))}{dx} = \frac{dF(y)}{dy}\frac{dg(x)}{dx} \tag{1.1.6}$$

● 練習問題 1.6　次の関数を微分せよ．

(1)　$\sin x^2$　　(2)　$\cos e^x$　　(3)　$e^{\sin x}$

(4)　$\sin \log x$　　(5)　$\log|\sin x|$　　(6)　$\tan^{-1}(e^x)$

合成関数の微分の公式の応用

$$\frac{de^{g(x)}}{dx} = e^{g(x)}\frac{dg(x)}{dx} \tag{1.1.7}$$

● 練習問題 1.7　次の関数を微分せよ．

(1)　$e^{\sin x}$　　(2)　e^{e^x}　　(3)　$e^{\sin x}$　　(4)　e^{x^2}　　(5)　$e^{x\log x}$　　(6)　$e^{\tan^{-1} x}$

1.1 はじめに

―― 対数微分の公式 ――
$$\frac{d\log|g(x)|}{dx} = \frac{g'(x)}{g(x)} \qquad (1.1.8)$$

● **練習問題 1.8** 次の関数を微分せよ．
(1) $\log|\sin x|$ (2) $\log|\cos x|$ (3) $\log(x^2+1)$
(4) $\log\sqrt{x^2+1}$ (5) $\log(x+\sqrt{x^2+1})$ (6) $\log(\tan^{-1}x)$

(**3**) 微分積分の基本公式

―― 微分積分の基本公式 ――
$$\frac{d}{dx}\int_a^x f(t)\,dt = f(x) \qquad (1.1.9)$$

● **練習問題 1.9** 次の積分を求めよ．
(1) $\dfrac{d}{dx}\displaystyle\int_1^x \log t\,dt$ (2) $\dfrac{d}{dx}\displaystyle\int_0^x \sin t\,dt$ (3) $\dfrac{d}{dx}\displaystyle\int_0^x e^{t^2}\,dt$
(4) $\dfrac{d}{dx}\displaystyle\int_1^{x^2} \log t\,dt$ (5) $\dfrac{d}{dx}\displaystyle\int_0^{2x} e^{t^2}\,dt$ (6) $\dfrac{d}{dx}\displaystyle\int_1^{\sin x} e^t\,dt$

(**4**) 基本的な積分公式 (**1**)

―― 部分積分の公式 ――
$$\int g'(x)f(x)\,dx = g(x)f(x) - \int g(x)f'(x)\,dx \qquad (1.1.10)$$

● **練習問題 1.10** 次の積分を求めよ．
(1) $\displaystyle\int_1^x \log t\,dt$ (2) $\displaystyle\int_0^x te^t\,dt$ (3) $\displaystyle\int_0^x t\sin t\,dt$
(4) $\displaystyle\int_1^x t\log t\,dt$ (5) $\displaystyle\int_0^x e^t\cos t\,dt$

対数積分の公式

$$\int \frac{f'(x)}{f(x)}\,dx = \log|f(x)| \tag{1.1.11}$$

● **練習問題 1.11** 次の積分を求めよ．

(1) $\displaystyle\int \frac{-\sin x}{\cos x}\,dx$ (2) $\displaystyle\int \frac{\cos x}{\sin x}\,dx$ (3) $\displaystyle\int \frac{2x}{x^2+1}\,dx$

(4) $\displaystyle\int \frac{e^x - e^{-x}}{e^x + e^{-x}}\,dx$ (5) $\displaystyle\int \frac{e^x}{e^x+1}\,dx$

置換積分の公式

$$\int F(f(x))f'(x)\,dx = \int F(y)\,dy \tag{1.1.12}$$

● **練習問題 1.12** 次の積分を求めよ．

(1) $\displaystyle\int 2x e^{x^2}\,dx$ (ヒント：$y = x^2$ とおく)

(2) $\displaystyle\int \sin x \cos x\,dx$ (ヒント：$y = \sin x$ とおく)

(3) $\displaystyle\int \frac{\log x}{x}\,dx$ (ヒント：$y = \log x$ とおく)

(4) $\displaystyle\int_0^1 \sqrt{1-x^2}\,dx$ (ヒント：$x = \sin\theta$ とおく)

(5) $\displaystyle\int_0^1 \frac{1}{1+x^2}\,dx$ (ヒント：$x = \tan\theta$ とおく)

(6) $\displaystyle\int_0^{\pi} \cos^2 x\,dx$ (ヒント：2倍角の公式を使う)

(7) $\displaystyle\int_0^{\infty} \frac{1}{e^x + e^{-x}}\,dx$ (ヒント：$y = e^x$ とおく)

(5) 基本的な積分公式 (2)

以下では積分定数は省略してある.

$$\int x^n \, dx = \frac{x^{n+1}}{n+1} \quad (n \neq -1), \qquad \int \frac{1}{x} \, dx = \log |x|$$

$$\int \cos x \, dx = \sin x, \qquad \int \sin x \, dx = -\cos x, \qquad \int \tan x \, dx = -\log |\cos x|$$

$$\int \cosh x \, dx = \sinh x, \qquad \int \sinh x \, dx = \cosh x, \qquad \int \tanh x \, dx = \log \cosh x$$

$$\int \frac{1}{\sqrt{x^2+1}} \, dx = \log(x + \sqrt{x^2+1}), \qquad \int \frac{1}{\sqrt{x^2-1}} \, dx = \log(x + \sqrt{x^2-1})$$

$$\int \sqrt{x^2+1} \, dx = \frac{1}{2}\left(x\sqrt{x^2+1} + \log(x + \sqrt{x^2+1})\right)$$

$$\int \sqrt{x^2-1} \, dx = \frac{1}{2}\left(x\sqrt{x^2-1} + \log(x + \sqrt{x^2-1})\right)$$

$$\int e^x \, dx = e^x, \qquad \int a^x \, dx = \frac{a^x}{\log a}, \qquad \int 2^x \, dx = \frac{2^x}{\log 2}$$

$$\int \frac{1}{\sqrt{1-x^2}} \, dx = \sin^{-1} x, \qquad \int \frac{1}{1+x^2} \, dx = \tan^{-1} x$$

--- 定積分と不定積分の関係 ---

$$\int_a^b f(x) \, dx = F(b) - F(a) \quad \left(\frac{d}{dx} F(x) = f(x)\right) \qquad (1.1.13)$$

注意 次の不定積分は,初等関数では表示できないことがわかっている.

$$\int e^{x^2} \, dx, \qquad \int e^{-x^2} \, dx, \qquad \int \frac{\sin x}{x} \, dx, \qquad \int \frac{\cos x}{x} \, dx.$$

ただし,定積分については,次が知られている.

$$\int_{-\infty}^{\infty} e^{-x^2} \, dx = \sqrt{\pi}, \qquad \int_{-\infty}^{\infty} \frac{\sin x}{x} \, dx = \pi. \qquad \blacksquare$$

● **練習問題 1.13**　**1.** 次の不定積分を求めよ．

(1) $\displaystyle\int x^2\,dx$　　(2) $\displaystyle\int \sin(2x)\,dx$　　(3) $\displaystyle\int \cos(2x)\,dx$

(4) $\displaystyle\int \sin^2 x\,dx$　　(5) $\displaystyle\int \cos^2 x\,dx$　　(6) $\displaystyle\int \log x\,dx$

(7) $\displaystyle\int \frac{\log x}{x}\,dx$　　(8) $\displaystyle\int xe^x\,dx$　　(9) $\displaystyle\int xe^{x^2}\,dx$

(10) $\displaystyle\int \frac{1}{1-x^2}\,dx$　　(11) $\displaystyle\int \frac{x}{x^2-1}\,dx$　　(12) $\displaystyle\int \sin^{-1} x\,dx$

(13) $\displaystyle\int \tan^{-1} x\,dx$　　(14) $\displaystyle\int \frac{1}{x^2+1}\,dx$　　(15) $\displaystyle\int \frac{x}{x^2+1}\,dx$

(16) $\displaystyle\int \sin x e^{-x}\,dx$　　(17) $\displaystyle\int \cos x e^{-x}\,dx$

2. 次の定積分の値を求めよ．

(1) $\displaystyle\int_0^1 x^2\,dx$　　(2) $\displaystyle\int_0^\pi \sin(2x)\,dx$　　(3) $\displaystyle\int_0^\pi \cos(2x)\,dx$

(4) $\displaystyle\int_0^{\pi/4} \sin^2 x\,dx$　　(5) $\displaystyle\int_0^{\pi/4} \cos^2 x\,dx$　　(6) $\displaystyle\int_1^2 \log x\,dx$

(7) $\displaystyle\int_1^2 x\log x\,dx$　　(8) $\displaystyle\int_0^\pi xe^x\,dx$　　(9) $\displaystyle\int_0^1 xe^{x^2}\,dx$

(10) $\displaystyle\int_0^1 \frac{1}{x^2+1}\,dx$　　(11) $\displaystyle\int_0^1 \sin^{-1} x\,dx$　　(12) $\displaystyle\int_0^1 \tan^{-1} x\,dx$

(13) $\displaystyle\int_0^{+\infty} \sin x e^{-x}\,dx$　　(14) $\displaystyle\int_0^{+\infty} \cos x e^{-x}\,dx$　　(15) $\displaystyle\int_0^{+\infty} xe^{-x}\,dx$

(16) $\displaystyle\int_0^{+\infty} xe^{-x^2}\,dx$

1.2　変数分離型微分方程式

次の型の微分方程式を**変数分離型微分方程式**とよぶ．

$$\frac{dy}{dx} = f(x)g(y) \tag{1.2.1}$$

右辺が x の関数と y の関数の積になっている点が重要である．正確には

$$\frac{dy(x)}{dx} = f(x)g(y(x))$$

と書くべきなのであるが，通常上記のように表す．

1.2 変数分離型微分方程式

1.2.1 変数分離型微分方程式の例

例 1. $\dfrac{dy}{dx} = xy$ は変数分離型微分方程式である．

例 2. $\dfrac{dy}{dx} = x + y$ は変数分離型微分方程式ではない．一般に，

$$\frac{dy}{dx} = f(x) + g(y)$$

は変数分離型ではない．

● **練習問題 1.14** 次の微分方程式のうち変数分離型微分方程式であるのはどれか．

(1) $\dfrac{dy}{dx} = xy$ (2) $\dfrac{dy}{dx} = x + y$ (3) $\dfrac{dy}{dx} = xy^2$

(4) $\dfrac{dy}{dx} = x - y^2$ (5) $\dfrac{dy}{dx} = \sin(xy)$ (6) $\dfrac{dy}{dx} = \sin(x)y$

(7) $\dfrac{dy}{dx} = y + 1 + x^2$ (8) $\dfrac{dy}{dx} = \dfrac{y}{1 + x^2}$

1.2.2 変数分離型微分方程式の解法

変数分離型微分方程式は次のようにして解くことができる．

1) $\dfrac{dy(x)}{dx} = f(x)g(y(x))$ の両辺を $g(y(x))$ で割る．

2) $\dfrac{1}{g(y(x))}\dfrac{dy(x)}{dx} = f(x)$ の両辺を x について積分する．

3) $\displaystyle\int \dfrac{1}{g(y(x))}\dfrac{dy(x)}{dx}\,dx = \int f(x)\,dx$

$y = y(x)$ とおくと置換積分の公式により，

4) $\displaystyle\int \dfrac{1}{g(y)}\,dy = \int f(x)\,dx$

5) 左辺，右辺の積分をそれぞれ計算し，x, y の関係をだす．

より実践的な解法

1) $\dfrac{dy}{dx} = f(x)g(y)$ の両辺を $g(y)$ で割る.

2) $\dfrac{1}{g(y)}\dfrac{dy}{dx} = f(x)$ の両辺に dx をかける.

3) $\dfrac{1}{g(y)}dy = f(x)\,dx$ の両辺を積分する.

4) $\displaystyle\int \dfrac{1}{g(y)}\,dy = \int f(x)\,dx$

5) 左辺,右辺の積分をそれぞれ計算し,x, y の関係をだす.

例題 1.8 次の微分方程式を解け.
$$\dfrac{dy}{dx} = -2xy$$

【解】 1) $\dfrac{dy}{dx} = -2xy$ の両辺を y で割る.

2) $\dfrac{1}{y}\dfrac{dy}{dx} = -2x$ の両辺を x について積分する.

3) $\displaystyle\int \dfrac{1}{y}\dfrac{dy}{dx}\,dx = -\int 2x\,dx$

$y = y(x)$ とおくと,

4) $\displaystyle\int \dfrac{1}{y}\,dy = -\int 2x\,dx$

5) 左辺,右辺の積分をそれぞれ計算し,x, y の関係をだす.
$$\log|y| = -\int 2x\,dx = -x^2 + C \quad (C:\text{積分定数})$$

したがって,
$$|y| = e^{-x^2+C}, \qquad \therefore\ y = \pm e^C e^{-x^2}$$

ここで $C_1 = \pm e^C$ とおくと
$$y = C_1 e^{-x^2}.$$

これが求める微分方程式の一般解である. □

1.2 変数分離型微分方程式

● **練習問題 1.15** 次の微分方程式の初期値問題を解き，解のグラフを描け．
$$\frac{dy}{dx} = -2xy \qquad (y(0) = 2)$$

例題 1.9 次の微分方程式を解け．
$$\frac{dy}{dx} = -\frac{x}{y}$$

【解】 1) $\dfrac{dy}{dx} = -\dfrac{x}{y}$ の両辺を $\dfrac{1}{y}$ で割る，つまり y をかける．

2) $y\dfrac{dy}{dx} = -x$ の両辺を x について積分する．

3) $\displaystyle\int y\frac{dy}{dx}\,dx = -\int x\,dx$

$y = y(x)$ とおくと，

4) $\displaystyle\int y\,dy = -\int x\,dx$

5) 左辺，右辺の積分をそれぞれ計算し，x, y の関係をだす．
$$\frac{1}{2}y^2 = -\frac{1}{2}x^2 + C \quad (C : 積分定数)$$

したがって，
$$x^2 + y^2 = 2C.$$

ここで $C_1 = 2C$ とおくと
$$x^2 + y^2 = C_1.$$

これが求める微分方程式の一般解である．（なお，$y = \pm\sqrt{C_1 - x^2}$ としてもよい．） 解のグラフは，原点を中心とする円を表す． □

● **練習問題 1.16** 次の微分方程式を解け．
$$\frac{dy}{dx} = -\frac{2x}{y}$$

> **例題 1.10** 次の微分方程式を解け.
> $$\frac{dy}{dx} = 2xe^{-y}$$

【解】 1) $\frac{dy}{dx} = 2xe^{-y}$ の両辺を e^{-y} で割る,つまり e^y をかける.

2) $e^y \frac{dy}{dx} = 2x$ の両辺を x について積分する.

3), 4) $\int e^y \, dy = 2 \int x \, dx$

5) 左辺,右辺の積分をそれぞれ計算し,x, y の関係をだす.

$$e^y = x^2 + C \quad (C : 積分定数)$$

したがって,

$$y = \log(x^2 + C)$$

を得る. □

● **練習問題 1.17** 次の微分方程式の初期値問題を解き,解のグラフを描け.

$$\frac{dy}{dx} = 2xe^{-y} \qquad (y(0) = 0)$$

> **例題 1.11** 次の微分方程式を解け.
> $$\frac{dy}{dx} = 1 + y$$

【解】 より実践的な方法で解いてみる.

1) $\frac{dy}{dx} = 1 + y$ の両辺を $1 + y$ で割る.

2) $\frac{1}{1+y} \frac{dy}{dx} = 1$ の両辺に dx をかける.

3) $\frac{dy}{1+y} = dx$ の両辺を積分する.

4) $\int \frac{dy}{1+y} = \int 1 \, dx$

1.2 変数分離型微分方程式

5) 左辺，右辺の積分をそれぞれ計算し，x, y の関係をだす．
$$\log|1+y| = x + C \quad (C:積分定数)$$
よって，
$$|1+y| = e^{x+C} = e^C e^x, \qquad \therefore \ 1+y = \pm e^C e^x$$
したがって，
$$y = Ae^x - 1 \quad (A = \pm e^C)$$
を得る． □

● 練習問題 1.18 次の微分方程式の初期値問題を解き，解のグラフを描け．
$$\frac{dy}{dx} = 1 + y \qquad (y(0) = 1)$$

例題 1.12 次の微分方程式を解け．
$$2\frac{dy}{dx} = 1 - y^2$$

【解】 1) $2\dfrac{dy}{dx} = 1 - y^2$ の両辺を $1 - y^2$ で割る．

2) $\dfrac{2}{1-y^2}\dfrac{dy}{dx} = 1$ の両辺に dx をかける．

3) $\dfrac{2}{1-y^2} dy = dx$ の両辺を積分する．

4) $\displaystyle\int \left(\frac{1}{1-y} + \frac{1}{1+y}\right) dy = \int 1\, dx$

5) 左辺，右辺の積分をそれぞれ計算し，x, y の関係をだす．
$$-\log|1-y| + \log|1+y| = x + C \quad (C:積分定数)$$
よって，
$$\log\frac{|1+y|}{|1-y|} = e^{x+C} = e^C e^x,$$
$$\therefore \ \frac{1+y}{1-y} = \pm e^C e^x = Ae^x \quad (A = \pm e^C)$$

したがって，
$$y = \frac{Ae^x - 1}{Ae^x + 1}$$
を得る． □

● **練習問題 1.19**　次の微分方程式の初期値問題を解き，解のグラフを描け．
$$2\frac{dy}{dx} = 1 - y^2 \quad \left(y(0) = \frac{1}{2}\right)$$

例題 1.13　次の微分方程式を解け．
$$\frac{dy}{dx} = xy + \frac{x}{y}$$

【解】 1) $\dfrac{dy}{dx} = xy + \dfrac{x}{y}$ の両辺に y をかける．

2) $y\dfrac{dy}{dx} = xy^2 + x = x(y^2 + 1)$ の両辺に dx をかけ，$y^2 + 1$ で割る．

3) $\dfrac{y}{y^2 + 1} dy = x\, dx$ の両辺を積分する．

4) $\displaystyle\int \frac{2y}{y^2 + 1} dy = \int 2x\, dx$

5) 左辺，右辺の積分をそれぞれ計算し，x, y の関係をだす．
$$\log(y^2 + 1) = x^2 + C \quad (C : 積分定数)$$
よって，
$$y^2 + 1 = e^{x^2 + C} = e^C e^{x^2}.$$
ゆえに，
$$y^2 = e^C e^{x^2} - 1, \quad \therefore \ y = \pm\sqrt{e^C e^{x^2} - 1}$$
したがって，
$$y = \pm\sqrt{Ae^{x^2} - 1} \quad (A = e^C)$$
を得る． □

● **練習問題 1.20**　次の微分方程式を解け．
$$\frac{dy}{dx} = xy - \frac{x}{y}$$

1.3 同次形微分方程式

次の型の微分方程式を**同次形微分方程式**とよぶ．

$$\frac{dy}{dx} = f\left(\frac{y}{x}\right) \tag{1.3.1}$$

右辺が $\dfrac{y}{x}$ の式になっている点が重要である．幾何学に関係した問題でよく現れる．

1.3.1 同次形微分方程式の例

例 1. $\dfrac{dy}{dx} = \dfrac{y}{x}$, $\dfrac{dy}{dx} = -\dfrac{x}{y}$

これらは，右辺が $\dfrac{y}{x}$ の式になっているので同次形微分方程式である．

例 2. $\dfrac{dy}{dx} = \dfrac{x+y}{x-y}$

これは，一見，同次形微分方程式かどうかわからないかもしれない．しかし，右辺の分母分子を x で割ると $\dfrac{dy}{dx} = \dfrac{1+\frac{y}{x}}{1-\frac{y}{x}}$ となり，同次形微分方程式であることがわかる．

例 3. $\dfrac{dy}{dx} = \dfrac{x^2+y^2}{xy}$

これは，右辺の分母分子を x^2 で割ると $\dfrac{dy}{dx} = \dfrac{1+\left(\frac{y}{x}\right)^2}{\frac{y}{x}}$．したがって，同次形微分方程式である．

例 4. $x\dfrac{dy}{dx} = y + \sqrt{x^2+y^2}$ $(x > 0)$

両辺を x で割ると $\dfrac{dy}{dx} = \dfrac{y}{x} + \sqrt{1+\left(\dfrac{y}{x}\right)^2}$．したがって，同次形微分方程式である．

1.3.2　同次形微分方程式の解法

$u = \dfrac{y}{x}$ とおくと，$y = xu$ となる．この両辺を微分すると，積の微分の公式から

$$\frac{dy}{dx} = u + x\frac{du}{dx}.$$

これを同次形微分方程式

$$\frac{dy}{dx} = f\left(\frac{y}{x}\right)$$

に代入すると，次の微分方程式を得る：

$$u + x\frac{du}{dx} = f(u).$$

$$\therefore \ x\frac{du}{dx} = f(u) - u$$

したがって，

$$\frac{du}{dx} = \frac{f(u) - u}{x}.$$

これは x, u に関する変数分離型微分方程式であるので，次のようにして解くことができる．

両辺を $f(u) - u$ で割って，dx をかけると

$$\frac{du}{f(u) - u} = \frac{1}{x}\,dx,$$

この両辺を積分すると，

$$\int \frac{du}{f(u) - u} = \int \frac{1}{x}\,dx$$

$$= \log x + C \quad (C：積分定数).$$

あとは，左辺の積分を実行してから，求めた式に $u = \dfrac{y}{x}$ を代入すればよい．

1.3 同次形微分方程式

同次形微分方程式の解法のポイント

1) $u = \dfrac{y}{x}$ とおく.

2) $\dfrac{dy}{dx} = u + x\dfrac{du}{dx}$

3) u, x に関する微分方程式をつくる.

4) u, x に関する微分方程式を解く.

5) 4) で求めた解の部分に $u = \dfrac{y}{x}$ を代入し,x, y の関係をだす[1]).

例題 1.14 次の微分方程式を解け.
$$\frac{dy}{dx} = -\frac{x}{y}$$

【解】 1) $u = \dfrac{y}{x}$ とおくと,与えられた微分方程式は

2) $u + x\dfrac{du}{dx} = -\dfrac{1}{u}$ となる.

$$\therefore \quad x\frac{du}{dx} = -u - \frac{1}{u} = -\frac{u^2+1}{u}$$

よって,u と x に関する微分方程式は

3) $\dfrac{u}{1+u^2}\,du = -\dfrac{1}{x}\,dx$

両辺を積分して

4) $\displaystyle\int \frac{u}{1+u^2}\,du = -\int \frac{dx}{x}$

よって,
$$\frac{1}{2}\log(1+u^2) = -\log|x| + C \quad (C: 積分定数).$$

---
1) 試験のときに x, y の関係をだし忘れる学生は非常に多い! x, u の関係のままであると部分点しかもらえない.

5) $u = \dfrac{y}{x}$ より,

$$\log\left(1 + \left(\frac{y}{x}\right)^2\right) = -2\log|x| + 2C = \log(e^{2C}x^{-2}).$$

したがって,

$$1 + \left(\frac{y}{x}\right)^2 = Ax^{-2} \quad (A = e^{2C}).$$

両辺に x^2 をかけて

$$x^2 + y^2 = A$$

を得る. □

● **練習問題 1.21**　次の微分方程式を解け.

$$\frac{dy}{dx} = \frac{x}{y}$$

例題 1.15 [2)]　次の微分方程式を解け.
$$x\frac{dy}{dx} = y + \sqrt{x^2 + y^2} \quad (x > 0)$$

【解】　このままではとうてい同次形微分方程式とは思えない. しかし, 与えられた微分方程式の両辺を x で割ることに気がつくと,

$$\frac{dy}{dx} = \frac{y}{x} + \frac{1}{x}\sqrt{x^2 + y^2} = \frac{y}{x} + \sqrt{1 + \left(\frac{y}{x}\right)^2}$$

となり, 同次形微分方程式であることがわかる.（ここがこの**問題の第一の関門**である.）

1) $u = \dfrac{y}{x}$ とおくと,

2) $u + x\dfrac{du}{dx} = u + \sqrt{1 + u^2}$ となる.

$$\therefore \quad x\frac{du}{dx} = \sqrt{1 + u^2}$$

[2)] これは昔から有名な問題である. 大学院入試, 入社試験等で出題されている.

1.3 同次形微分方程式

3), 4) 両辺を積分して

$$\int \frac{du}{\sqrt{1+u^2}} = \int \frac{dx}{x}.$$

この左辺の積分は難しい．（ここがこの問題の第二の関門である．）

ここで

$$\int \frac{du}{\sqrt{1+u^2}} = \log(u + \sqrt{1+u^2})$$

を知っていると

$$\log(u + \sqrt{1+u^2}) = \log x + C = \log(e^C x).$$

$$\therefore \quad u + \sqrt{1+u^2} = e^C x = Ax \quad (A = e^C)$$

5) $u = \dfrac{y}{x}$ であるので

$$\frac{y}{x} + \sqrt{1 + \left(\frac{y}{x}\right)^2} = Ax,$$

両辺に x をかけると

$$y + \sqrt{x^2 + y^2} = Ax^2.$$

（注意：ここでやめてはいけない．ここがこの問題の第三の関門である．）

$\sqrt{x^2 + y^2} = Ax^2 - y$ と変形し，両辺を 2 乗すると

$$x^2 + y^2 = (Ax^2 - y)^2 = A^2 x^4 - 2Ax^2 y + y^2.$$

$$\therefore \quad x^2 = A^2 x^4 - 2Ax^2 y$$

両辺を x^2 で割ると

$$1 = A^2 x^2 - 2Ay, \qquad \therefore \quad 2Ay = A^2 x^2 - 1$$

したがって，$y = \dfrac{A}{2} x^2 - \dfrac{1}{2A}$ という放物線の式が得られる． □

● **練習問題 1.22** 次の微分方程式を解け．

$$x \frac{dy}{dx} = y - \sqrt{x^2 + y^2} \quad (x > 0)$$

例題 1.16[3]　次の微分方程式を解け.
$$\frac{dy}{dx} = \frac{x+y}{x-y}$$

【解】 1) $u = \dfrac{y}{x}$ とおく.
$$\frac{dy}{dx} = \frac{x+y}{x-y} = \frac{1+\frac{y}{x}}{1-\frac{y}{x}}$$

より,

2) $u + x\dfrac{du}{dx} = \dfrac{1+u}{1-u}$ となる. これより,

$$x\frac{du}{dx} = \frac{1+u}{1-u} - u, \quad \therefore\ x\frac{du}{dx} = \frac{1+u^2}{1-u}$$

3) $\dfrac{1-u}{1+u^2}\,du = \dfrac{dx}{x}$ の両辺を積分すると,

4) $$\int \frac{1-u}{1+u^2}\,du = \int \frac{dx}{x} = \log|x| + C \quad (C：積分定数)$$

したがって,
$$\int \frac{du}{1+u^2} - \int \frac{u}{1+u^2}\,du = \log|e^C x|.$$

ゆえに,
$$\tan^{-1} u - \frac{1}{2}\log(1+u^2) = \log|Ax| \quad (A = e^C).$$

5) $u = \dfrac{y}{x}$ であるので,

$$\tan^{-1}\left(\frac{y}{x}\right) - \frac{1}{2}\log\left(1+\left(\frac{y}{x}\right)^2\right) = \log A + \log|x|.$$

$$\therefore\ \tan^{-1}\left(\frac{y}{x}\right) - \log\sqrt{x^2+y^2} = \log A$$

ここで極座標変換
$$\begin{cases} x = r\cos\theta, & y = r\sin\theta \\ r = \sqrt{x^2+y^2}, & \theta = \tan^{-1}\left(\dfrac{y}{x}\right) \end{cases}$$

---

[3] これも昔から有名な等角螺旋の問題である.

を使うと
$$\theta - \log r = \log A, \quad \therefore \quad \log r = \theta - \log A$$
となり，$r = A^{-1}e^\theta$ という等角螺旋の式を得る． □

● **練習問題 1.23** 次の微分方程式を解け．
$$\frac{dy}{dx} = \frac{x-y}{x+y}$$

注意 同次型微分方程式 $\frac{dy}{dx} = f\left(\frac{y}{x}\right)$ において $u = \frac{y}{x}$ とおくと
$$x\frac{du}{dx} + u = f(u), \quad \therefore \quad x\frac{du}{dx} = f(u) - u$$
したがって，$f(a) - a = 0$ であると，定数関数 $u = a$ は，すべて $x\frac{du}{dx} = f(u) - u$ の解である．x, y に戻すと，$y = ax$ はすべて $\frac{dy}{dx} = f\left(\frac{y}{x}\right)$ の解である． ■

1.4　1 階線形微分方程式

次の型の微分方程式を **1 階線形微分方程式**とよぶ．
$$\frac{dy}{dx} + p(x)y = q(x) \tag{1.4.1}$$

1.4.1　1 階線形微分方程式の例

例 1. $\dfrac{dy}{dx} + y = x \quad (p(x) = 1,\ q(x) = x)$

例 2. $\dfrac{dy}{dx} + \dfrac{1}{x}y = 1 \quad \left(p(x) = \dfrac{1}{x},\ q(x) = 1\right)$

例 3. $\dfrac{dy}{dx} - \dfrac{1}{x}y = 1 \quad \left(p(x) = -\dfrac{1}{x},\ q(x) = 1\right)$

1.4.2　1 階線形微分方程式の解法

1 階線形微分方程式の解法で重要なのは y の前の関数 $p(x)$ である．1 階線形微分方程式の解き方には，(1) 定数変化法，(2) 完全積分の方法，がある．

(**1**) 定数変化法

まず定数変化法から説明する．

定数変化法

1) $\dfrac{dy}{dx} + p(x)y = q(x)$ に対して，$q(x) = 0$ とした方程式

$$\dfrac{dy}{dx} + p(x)y = 0$$

を考える．

2) $\dfrac{dy}{dx} + p(x)y = 0$ を解く．

3) $e^{-\int p(x)dx}$ が解である．

4) $y_1 = e^{-\int p(x)dx}$ とおき $y = y_1 u$ とおく．

5) $y = y_1 u$ をはじめの方程式に代入する．

$$y' = (y_1 u)' = y_1' u + y_1 u' = -p(x)y_1 u + y_1 u'$$

であるから，

$$-p(x)y_1 u + y_1 u' + p(x)y_1 u = q(x).$$

よって，$y_1 u' = q(x)$．ゆえに，$u' = \dfrac{q(x)}{y_1}$．

両辺を積分すると，

6) $u = \displaystyle\int \dfrac{q(x)}{y_1} dx = \int q(x) e^{\int p(x)dx} dx$

7) $y = y_1 u = e^{-\int p(x)dx} \displaystyle\int q(x) e^{\int p(x)dx} dx$

以上から，次の解の公式を得る[4]．

解 の 公 式

$$y = e^{-\int p(x)dx} \int q(x) e^{\int p(x)dx} dx \qquad (1.4.2)$$

---

[4] 定数変化法は，理論的には良いのであるが，実際にこの方法を用いて計算するのは大変面倒であるので，ここでは例題は省略する．

1.4　1階線形微分方程式

（2）完全積分の方法

次に，完全積分の方法について説明する．

完全積分の方法

1) $\dfrac{dy}{dx} + p(x)y = q(x)$ の両辺に $e^{\int p(x)dx}$ をかける．

2) $e^{\int p(x)dx}\dfrac{dy}{dx} + p(x)e^{\int p(x)dx}y = q(x)e^{\int p(x)dx}$

積の微分の公式により

3) $\dfrac{d}{dx}\left(e^{\int p(x)dx}y\right) = q(x)e^{\int p(x)dx}$

となる．両辺を積分して

4) $e^{\int p(x)dx}y = \displaystyle\int q(x)e^{\int p(x)dx}dx$

よって
$$y = e^{-\int p(x)dx}\int q(x)e^{\int p(x)dx}dx.$$

以上から，次の解の公式を得る．

解の公式
$$y = e^{-\int p(x)dx}\int q(x)e^{\int p(x)dx}dx \tag{1.4.3}$$

例題 1.17　次の微分方程式を解け．
$$\dfrac{dy}{dx} + \dfrac{1}{x}y = 1$$

【解】 1) $p(x) = \dfrac{1}{x}$ である．$\displaystyle\int p(x)\,dx = \int \dfrac{1}{x}dx = \log x$ より，$e^{\int p(x)dx} = e^{\log x} = x$ を与えられた微分方程式の両辺にかける．

2) $\quad x\dfrac{dy}{dx} + y = x$

積の微分の公式により

3) $\quad \dfrac{d}{dx}(xy) = x$

となる．両辺を積分して

4) $\quad xy = \dfrac{x^2}{2} + C \quad (C：積分定数)$

したがって，
$$y = \dfrac{x}{2} + \dfrac{C}{x}$$
を得る． □

● 練習問題 1.24　次の微分方程式を解け．
$$\dfrac{dy}{dx} + \dfrac{1}{x}y = x$$

例題 1.18　次の微分方程式を解け．
$$\dfrac{dy}{dx} - \dfrac{1}{x}y = 1$$

【解】 1)　$p(x) = -\dfrac{1}{x}$ である．$\displaystyle\int p(x)\,dx = -\int \dfrac{1}{x}\,dx = -\log x$ より，$e^{\int p(x)dx} = e^{-\log x} = \dfrac{1}{x}$ を与えられた微分方程式の両辺にかける．

2) $\quad \dfrac{1}{x}\dfrac{dy}{dx} - \dfrac{1}{x^2}y = \dfrac{1}{x}$

積の微分の公式により

3) $\quad \dfrac{d}{dxt}\left(\dfrac{y}{x}\right) = \dfrac{1}{x}$

となる．両辺を積分して

4) $\quad \dfrac{y}{x} = \displaystyle\int \dfrac{1}{x}\,dx = \log x + C \quad (C：積分定数)$

したがって，
$$y = x\log x + Cx$$
を得る． □

1.4 1階線形微分方程式

● **練習問題 1.25** 次の微分方程式を解け.
$$\frac{dy}{dx} - \frac{1}{x}y = x$$

> **例題 1.19** 次の微分方程式を解け.
> $$\frac{dy}{dx} + y = e^{-x}$$

【解】 1) $p(x) = 1$ である. $\int p(x)\,dx = \int 1\,dx = x$ より, $e^{\int p(x)dx} = e^x$
を与えられた微分方程式の両辺にかける.

2) $e^x \dfrac{dy}{dx} + e^x y = 1$

積の微分の公式により

3) $(e^x y)' = 1$

となる. 両辺を積分して

4) $e^x y = x + C$ （C：積分定数）

したがって,
$$y = (x + C)e^{-x}$$
を得る. □

● **練習問題 1.26** 次の微分方程式を解け.
$$\frac{dy}{dx} - y = e^x \quad (y(0) = 0)$$

> **例題 1.20** 次の微分方程式を解け.
> $$\frac{dy}{dx} + \frac{1}{x}y = \frac{1}{x^2} \quad (x > 0)$$

【解】 1) $p(x) = \dfrac{1}{x}$ である. $\int p(x)\,dx = \int \dfrac{1}{x}\,dx = \log x$ より, $e^{\int p(x)dx} = e^{\log x} = x$ を与えられた微分方程式の両辺にかける.

2) $x\dfrac{dy}{dx} + y = \dfrac{1}{x}$

積の微分の公式により

3) $\quad (xy)' = \dfrac{1}{x}$

となる．両辺を積分して

4) $\quad xy = \log x + C \quad (C：積分定数)$

したがって，
$$y = \frac{\log x}{x} + \frac{C}{x}$$
を得る． □

● **練習問題 1.27** 次の微分方程式を解き，解のグラフを描け．
$$\frac{dy}{dx} + \frac{1}{x}y = \frac{1}{x^2} \quad (y(1) = 0)$$

例題 1.21[5] 次の微分方程式を解け．
$$\frac{dy}{dx} = \frac{1}{e^y + x}$$

【解】 逆数を考えると
$$\frac{dx}{dy} = e^y + x$$
を得る．これは，y を独立変数，x を従属変数とする微分方程式である．
$$\frac{dx}{dy} - x = e^y$$
e^{-y} を与えられた微分方程式の両辺にかけると，
$$e^{-y}\frac{dx}{dy} - e^{-y}x = 1.$$
積の微分の公式により
$$\frac{d}{dy}(e^{-y}x) = 1$$
となる．両辺を y について積分して
$$e^{-y}x = y + C \quad (C：積分定数),$$

---
5) これはかなり意地悪な問題である．

1.4　1階線形微分方程式

したがって，
$$x = e^y(y+C)$$
を得る. □

● **練習問題 1.28**　次の微分方程式を解け.
$$\frac{dy}{dx} = \frac{1}{y+x}$$

例題 1.22　次の微分方程式を解け.
$$\frac{dy}{dx} + \frac{\cos x}{\sin x}y = -1 \qquad (0 < x < \pi)$$

【解】　1)　$p(x) = \dfrac{\cos x}{\sin x}$ である．$\displaystyle\int p(x)\,dx = \int \frac{\cos x}{\sin x}\,dx = \log \sin x$ より，$e^{\int p(x)dx} = e^{\log \sin x} = \sin x$ を与えられた微分方程式の両辺にかける．

2)　$\sin x \dfrac{dy}{dx} + (\cos x)y = -\sin x$

積の微分の公式により

3)　$((\sin x)y)' = -\sin x$

となる．両辺を積分して

4)　$(\sin x)y = \cos x + C$　（C：積分定数）

したがって，
$$y = \frac{\cos x + C}{\sin x}$$
を得る. □

● **練習問題 1.29**　次の微分方程式を解け.
$$\frac{dy}{dx} - (\tan x)y = \frac{1}{\cos x} \qquad (0 < x < \pi)$$

例題 1.23 y_1, y_2 を微分方程式
$$\frac{dy}{dx} + a(x)y = b(x)$$
の解とする．$u = y_2 - y_1$ は次の微分方程式の解であることを示せ．
$$\frac{du}{dx} + a(x)u = 0$$

【解】 y_1, y_2 は，それぞれ次の微分方程式を満たしている．
$$\frac{dy_1}{dx} + a(x)y_1 = b(x)$$
$$\frac{dy_2}{dx} + a(x)y_2 = b(x)$$
したがって
$$\frac{d(y_2 - y_1)}{dx} + a(x)(y_2 - y_1) = 0$$
を得る．$u = y_2 - y_1$ であるので
$$\frac{du}{dx} + a(x)u = 0$$
である． □

この例題 1.23 の結果から次がわかる．

---
1 階線形微分方程式の解の構造

微分方程式
$$\frac{dy}{dx} + a(x)y = b(x)$$
の一般解は，ひとつの特殊解 y_1 と斉次方程式 $\dfrac{du}{dx} + a(x)u = 0$ の一般解を用いて
$$y = y_1 + u$$
と書ける．

1.5 ベルヌーイ型微分方程式

次の型の微分方程式をベルヌーイ型微分方程式とよぶ．

$$\frac{dy}{dx} = p(x)y + q(x)y^n \qquad (n \neq 0, 1) \tag{1.5.1}$$

$n = 0$ のときは，

$$\frac{dy}{dx} = p(x)y + q(x)$$

なので1階線形微分方程式である．また，$n = 1$ のときは変数分離型微分方程式

$$\frac{dy}{dx} = (p(x) + q(x))y$$

になる．そのため $n \neq 0, 1$ という条件をつけてある．

1.5.1 ベルヌーイ型微分方程式の例

例1．$\dfrac{dy}{dx} = y - y^2$ （$p(x) = 1,\ q(x) = -1,\ n = 2$ の場合）

例2．$\dfrac{dy}{dx} = xy + \dfrac{x}{y}$ （$p(x) = q(x) = x,\ n = -1$ の場合）

1.5.2 ベルヌーイ型微分方程式の解法

ベルヌーイ型微分方程式は次のようにして解くことができる．

ベルヌーイ型微分方程式の解法

1) $\dfrac{dy}{dx} = p(x)y + q(x)y^n$ の両辺を y^n で割る．

2) $y^{-n}\dfrac{dy}{dx} = p(x)y^{1-n} + q(x)$

ここで $u = y^{1-n}$ とおくと $\dfrac{du}{dx} = (1-n)y^{-n}\dfrac{dy}{dx}$ であるので，

3) $\dfrac{1}{1-n}\dfrac{du}{dx} = p(x)u + q(x)$

これは u に関する1階線形微分方程式であるので解くことができる．

例題 1.24 次の微分方程式を解け.
$$\frac{dy}{dx} = y - y^2$$

【解】 1) 与式の両辺を y^2 で割る.

2) $y^{-2}\dfrac{dy}{dx} = y^{-1} - 1$

ここで $u = y^{-1}$ とおくと, $\dfrac{du}{dx} = -y^{-2}\dfrac{dy}{dx}$ である.

$u = y^{-1}, \dfrac{du}{dx} = -y^{-2}\dfrac{dy}{dx}$ を与えられた微分方程式に代入すると,

3) $-u' = u - 1$

を得る. これは u に関する 1 階線形微分方程式であるから, 以下のようにして解くことができる.

$u' + u = 1$ の両辺に e^x をかける.
$$e^x u' + e^x u = e^x$$

積の微分の公式により
$$(e^x u)' = e^x$$

となる. 両辺を積分して
$$e^x u = \int e^x \, dx = e^x + C, \quad \therefore \ u = 1 + Ce^{-x} \ (C : 積分定数)$$

$u = y^{-1}$ であるので
$$y^{-1} = 1 + Ce^{-x}$$

となる. したがって,
$$y = \frac{1}{1 + Ce^{-x}} \quad (C : 積分定数)$$

を得る. □

● **練習問題 1.30** 次の微分方程式を解け.
$$\frac{dy}{dx} = -y + y^2$$

1.5 ベルヌーイ型微分方程式

例題 1.25　次の微分方程式を解け
$$\frac{dy}{dx} = y + y^2$$

【解】　1)　与式の両辺を y^2 で割る.

2)　$y^{-2}\dfrac{dy}{dx} = y^{-1} + 1$

ここで $u = y^{-1}$ とおくと, $\dfrac{du}{dx} = -y^{-2}\dfrac{dy}{dx}$ である.

$u = y^{-1}, \dfrac{du}{dx} = -y^{-2}\dfrac{dy}{dx}$ を与えられた微分方程式に代入すると,

3)　$-u' = u + 1$

を得る. これは u に関する 1 階線形微分方程式であるから, 以下のようにして解くことができる.

$u' + u = -1$ の両辺に e^x をかける.

$$e^x u' + e^x u = -e^x$$

積の微分の公式により

$$(e^x u)' = -e^x$$

となる. 両辺を積分して

$$e^x u = \int (-e^x)\,dx = -e^x + C,$$

$$\therefore\ u = -1 + Ce^{-x}\ \ (C:\text{積分定数})$$

$u = y^{-1}$ であるので

$$y^{-1} = -1 + Ce^{-x}$$

となる. したがって,

$$y = \frac{1}{-1 + Ce^{-x}} = \frac{e^x}{C - e^x}\ \ (C:\text{積分定数})$$

を得る.　□

> **例題 1.26** 次の微分方程式を解き，解のグラフを描け．
> $$\frac{dy}{dx} = y - 2e^x y^2 \qquad \left(y(0) = \frac{1}{2}\right)$$

【解】 1) 与式の両辺を y^2 で割る．

2) $y^{-2}\dfrac{dy}{dx} = y^{-1} - 2e^x$

ここで $u = y^{-1}$ とおくと，$\dfrac{du}{dx} = -y^{-2}\dfrac{dy}{dx}$ である．

$u = y^{-1}, \dfrac{du}{dx} = -y^{-2}\dfrac{dy}{dx}$ を与えられた微分方程式に代入すると，

3) $-u' = u - 2e^x$

を得る．これは u に関する 1 階線形微分方程式であるから，以下のようにして解くことができる．

$u' + u = 2e^x$ の両辺に e^x をかける．
$$e^x u' + e^x u = 2e^{2x}$$

積の微分の公式により
$$(e^x u)' = 2e^{2x}$$

となる．両辺を積分して
$$e^x u = \int 2e^x\, dx = e^{2x} + C, \qquad \therefore\ u = e^x + Ce^{-x} \quad (C：積分定数)$$

$u = y^{-1}$ であるので
$$y^{-1} = e^x + Ce^{-x},$$

したがって，
$$y = \frac{1}{e^x + Ce^{-x}}.$$

ここで，初期条件 $y(0) = \dfrac{1}{2}$ から $C = 1$．よって
$$y = \frac{1}{e^x + e^{-x}}$$

を得る．解のグラフは省略． □

1.5 ベルヌーイ型微分方程式

● **練習問題 1.31** 次の微分方程式を解け.
$$\frac{dy}{dx} + y = e^x y^2$$

例題 1.27 次の微分方程式を解け.
$$\frac{dy}{dx} = xy + \frac{x}{y}$$

【解】 1) 与式の両辺に y をかける.

2) $y\dfrac{dy}{dx} = xy^2 + x$

ここで $u = y^2$ とおくと, $\dfrac{du}{dx} = 2y\dfrac{dy}{dx}$ である.

$u = y^2, \dfrac{du}{dx} = 2y\dfrac{dy}{dx}$ を与えられた微分方程式に代入すると,

3) $\dfrac{1}{2}u' = xu + x$

を得る. これは u に関する 1 階線形微分方程式であるから, 以下のようにして解くことができる.

$u' - 2xu = 2x$ の両辺に e^{-x^2} をかける.
$$e^{-x^2} u' - 2xe^{-x^2} u = 2xe^{-x^2}$$

積の微分の公式により
$$(e^{-x^2} u)' = 2xe^{-x^2}$$

となる. 両辺を積分して
$$e^{-x^2} u = \int 2xe^{-x^2} dx = -e^{-x^2} + C,$$
$$\therefore \quad u = -1 + Ce^{x^2} \quad (C : 積分定数)$$

$u = y^2$ であるので
$$y^2 = Ce^{x^2} - 1,$$

したがって,
$$y = \pm\sqrt{Ce^{x^2} - 1}$$

を得る. □

● **練習問題 1.32** 次の微分方程式を解け.
$$\frac{dy}{dx} = xy - \frac{x}{y}$$

例題 1.28 次の積分方程式を解け.
$$\frac{1}{2} + \int_1^x y^2(t)\,dt = xy$$

【解】 両辺を x について微分すると次の微分方程式を得る.
$$y^2(x) = y + xy', \qquad \therefore \quad xy' + y = y^2$$

1) 両辺を x で割ると
$$y' + \frac{1}{x}y = \frac{1}{x}y^2.$$

両辺を y^2 で割ると

2) $y^{-2}y' + \frac{1}{x}y^{-1} = \frac{1}{x}$

ここで $u = y^{-1}$ とおくと,
$$-\frac{du}{dx} + \frac{1}{x}u = \frac{1}{x}, \qquad \therefore \quad \frac{du}{dx} - \frac{1}{x}u = -\frac{1}{x}$$

両辺に $\frac{1}{x}$ をかけると

3) $\frac{1}{x}\frac{du}{dx} - \frac{1}{x^2}u = -\frac{1}{x^2}$

積の微分の公式により
$$\left(\frac{u}{x}\right)' = -\frac{1}{x^2}$$

となる. 両辺を積分して
$$\frac{u}{x} = \int \left(-\frac{1}{x^2}\right)dx = \frac{1}{x} + C, \qquad \therefore \quad u = 1 + Cx \quad (C:積分定数)$$

$u = y^{-1}$ であるので
$$y = \frac{1}{Cx + 1}.$$

与えられた積分方程式に $x=1$ に代入すると
$$y(1) = \frac{1}{2} + \int_1^1 y^2(t)\,dt = \frac{1}{2}.$$
したがって $C=1$ である．ゆえに $y = \dfrac{1}{x+1}$． □

● **練習問題 1.33** 次の積分方程式を解け．
$$\frac{1}{3} + \int_0^x y^2(t)\,dt = -xy$$

注意 積分方程式を解くときは，隠された初期条件に注意すること． ■

1.6 リッカチ型微分方程式

次の型の微分方程式を**リッカチ型微分方程式**とよぶ．
$$\frac{dy}{dx} = a(x) + b(x)y + c(x)y^2 \tag{1.6.1}$$

$a(x)=0$ のときは，$n=2$ のベルヌーイ型微分方程式である．リッカチ型微分方程式は 2 階線形微分方程式と結びついている点で非常に重要である．この点については，後で詳しく説明する (1.6.3 項参照)．

1.6.1 リッカチ型微分方程式の例

例 1. $\dfrac{dy}{dx} = x^2 + 1 - 2xy + y^2$ $(a(x)=x^2+1, b(x)=-2x, c(x)=1)$

例 2. $\dfrac{dy}{dx} = 4x^2 + 2 - 4xy + y^2$ $(a(x)=4x^2+2, b(x)=-4x, c(x)=1)$

例 3. $\dfrac{dy}{dx} = x^2 + y^2$ $(a(x)=x^2, b(x)=0, c(x)=1)$

1.6.2 リッカチ型微分方程式の解法

リッカチ型微分方程式を解く一般的な方法は存在しない．しかし，もし 1 つの解 y_1 がみつかると，次のようにしてすべての解をみつけることができる．

リッカチ型微分方程式の解法

$y = y_1 + \dfrac{1}{u}$ とおくと，u は次の 1 階線形微分方程式を満たす．
$$\frac{du}{dx} + (b(x) + 2c(x)y_1)u = -c(x) \tag{1.6.2}$$

【証明】 $y = y_1 + \dfrac{1}{u}$，$y' = y_1' - \dfrac{u'}{u^2}$ をリッカチ型微分方程式
$$y' = a(x) + b(x)y + c(x)y^2$$
に代入すると，
$$y_1' - \frac{u'}{u^2} = a(x) + b(x)\left(y_1 + \frac{1}{u}\right) + c(x)\left(y_1 + \frac{1}{u}\right)^2.$$
括弧を展開して整理すると
$$y_1' - \frac{u'}{u^2} = a(x) + b(x)y_1 + b(x)\frac{1}{u} + c(x)y_1^2 + 2c(x)y_1\frac{1}{u} + c(x)\left(\frac{1}{u}\right)^2.$$
$y_1' = a(x) + b(x)y_1 + c(x)y_1^2$ であるので
$$-\frac{u'}{u^2} = \frac{b(x)}{u} + 2c(x)y_1\frac{1}{u} + \frac{c(x)}{u^2}$$
となる．したがって，
$$u' + (b(x) + 2c(x)y_1)u = -c(x).$$
これは，1 階線形微分方程式である． □

例題 1.29 次の微分方程式を解け．
$$\frac{dy}{dx} = -\frac{1}{x}(y-1) - x(y-1)^2$$

【解】 まず，$y = 1$ は一つの解である．
$$y = u + 1$$
とおくと $y' = u'$ である．

$y = u + 1$，$y' = u'$ を与えられた微分方程式に代入し，整理すると
$$u' = -\frac{1}{x}u - xu^2.$$

1.6 リッカチ型微分方程式

これは $n=2$ のベルヌーイ型微分方程式である (1.5節). そこで, 両辺を $-u^2$ で割ると

$$\frac{-1}{u^2}\frac{du}{dx} = \frac{1}{xu} + x.$$

ここで $v = \dfrac{1}{u}$ とおくと

$$\frac{dv}{dx} - \frac{1}{x}v = x.$$

両辺に $\dfrac{1}{x}$ をかけると

$$\frac{1}{x}\frac{dv}{dx} - \frac{1}{x^2}v = 1.$$

積の微分の公式により

$$\left(\frac{v}{x}\right)' = 1$$

となる. 両辺を積分して

$$\frac{v}{x} = x + C \quad (C:積分定数), \qquad \therefore \quad v = x(x+C)$$

ここで $v = \dfrac{1}{u}$ であるので

$$u = \frac{1}{x(x+C)},$$

$y = u + 1$ なので

$$y = u + 1 = \frac{1}{x(x+C)} + 1$$

を得る. □

リッカチ型微分方程式の解法の原理

$y = y_1 + v$ とおくと v は $n=2$ のベルヌーイ型微分方程式を満たす.

【証明】 $y = y_1 + v$ をリッカチ型微分方程式

$$y' = a(x) + b(x)y + c(x)y^2$$

に代入すると,

$$(y_1 + v)' = a(x) + b(x)(y_1 + v) + c(x)(y_1 + v)^2.$$

括弧を展開して整理すると，
$$y_1' + v' = a(x) + b(x)y_1 + b(x)v + c(x)y_1^2 + 2c(x)y_1 v + c(x)v^2.$$
$y_1' = a(x) + b(x)y_1 + c(x)y_1^2$ であるので
$$v' = b(x)v + 2c(x)y_1 v + c(x)v^2$$
となる．したがって，
$$v' = (b(x) + 2c(x)y_1)v + c(x)v^2.$$
これは，$n = 2$ のベルヌーイ型微分方程式である． □

1.6.3 リッカチ型微分方程式と2階線形微分方程式の関係

リッカチ型微分方程式
$$\frac{dy}{dx} + p(x)y + q(x)y^2 = r(x)$$
において $y = \dfrac{u'}{qu}$ とおくと
$$y' = \frac{-(q'u + qu')u' + quu''}{q^2 u^2}$$
である．これらをリッカチ型微分方程式
$$\frac{dy}{dx} + p(x)y + q(x)y^2 = r(x)$$
に代入する．
$$\frac{-q'uu' - q(u')^2 + quu''}{q^2 u^2} + \frac{pu'}{qu} + q\left(\frac{u'}{qu}\right)^2 = r$$
両辺に $q^2 u^2$ をかけると，
$$-q'uu' - q(u')^2 + quu'' + pquu' + q(u')^2 = rq^2 u^2,$$
$$\therefore \ -q'uu' + quu'' + pquu' = rq^2 u^2$$
よって，
$$-q'uu' + quu'' + pquu' - rq^2 u^2 = 0.$$
両辺を u で割ると，
$$-q'u' + qu'' + pqu' - rq^2 u = 0,$$

1.7 同じ問題に対する異なる解法

$$\therefore \quad qu'' + (pq - q')u' - rq^2 u = 0$$

両辺を q で割ると,

$$u'' + \left(p - \frac{q'}{q}\right)u' - rqu = 0.$$

これは u の 2 階線形微分方程式である.

例 1. $\dfrac{dy}{dx} = x^2 + y^2 \iff u'' + x^2 u = 0$

例 2. $\dfrac{dy}{dx} = x + y^2 \iff u'' + xu = 0$

1.7 同じ問題に対する異なる解法

> **例題 1.30** 次の微分方程式を解け.
> $$\frac{dy}{dx} = x + y$$

【解法 1】 $u = x + y$ とおくと, $u' = 1 + y'$ である. $\dfrac{dy}{dx} = x + y$ に代入すると

$$\frac{du}{dx} = u + 1$$

となる. 両辺を $u + 1$ で割り,

$$\frac{du}{u+1} = dx$$

の両辺を積分して

$$\int \frac{du}{u+1} = \int dx, \quad \therefore \quad \log|u+1| = x + C \quad (C : 積分定数)$$

したがって,

$$u + 1 = \pm e^{x+C} = \pm e^C e^x.$$

ゆえに, $u + 1 = Ae^x$ $(A = \pm e^C)$. よって

$$u = Ae^x - 1 \quad (A = \pm e^C),$$

$u = x + y$ であるから，
$$x + y = Ae^x - 1 \quad (A = \pm e^C).$$
したがって，
$$y = Ae^x - x - 1 \quad (A = \pm e^C)$$
を得る． □

【解法 2：定数変化法】 $y' = y$ の解は $y = Ae^x$ である．$y = ue^x$ を $\dfrac{dy}{dx} = x+y$ に代入すると
$$u' = xe^{-x}$$
となる．部分積分により
$$u = -xe^{-x} - e^{-x} + C \quad (C : 積分定数),$$
したがって，
$$y = e^x u = -x - 1 + Ce^x$$
を得る． □

【解法 3：積分因子の方法】 $y' - y = x$ の両辺に e^{-x} をかけると[6]，
$$e^{-x}y' - e^{-x}y = xe^{-x}$$
となる．積の微分の公式により，
$$(e^{-x}y)' = xe^{-x}.$$
両辺を積分して
$$e^{-x}y = \int xe^{-x}\,dx = -xe^{-x} - e^{-x} + C \quad (C : 積分定数),$$
したがって，
$$y = Ce^x - x - 1$$
を得る． □

● **練習問題 1.34** 次の微分方程式を，変数分離型の方法，ベルヌーイ型の方法を用いて解け．

(1) $\dfrac{dy}{dx} = 1 - y^2$　　(2) $\dfrac{dy}{dx} = y - y^2$

---
6) この e^{-x} のことを**積分因子**という．

● **練習問題 1.35** 次の微分方程式を，変数分離型の方法，同次形の方法を用いて解け．

$$\frac{dy}{dx} = -\frac{x}{y}$$

● **練習問題 1.36** 次の微分方程式を，変数分離型の方法を用いて解け．

$$\frac{dy}{dx} = xy + \frac{x}{y}$$

1.8 応　用

1.8.1 幾何学への応用

---- 放 物 線 (1) ----

例題 1.31　曲線上の点 (x, y) における接線が y 軸と交わる点を A とし，y 軸上の点 $(0, y)$ を B とする．AB の中点が原点であるとき，この曲線の方程式を求めよ．

【**解**】　$A(0, y - xy')$, $B(0, y)$ であるので，中点の座標は $(0, 2y - xy')$ である．この点が原点であるので，次の微分方程式を得る．

$$x \frac{dy}{dx} = 2y$$

これを変形すると

$$\frac{dy}{y} = \frac{2}{x} dx$$

となる．両辺を積分すると

$$\int \frac{dy}{y} = \int \frac{2}{x} dx.$$

したがって，

$$\log |y| = 2 \log |x| + C,$$

$$\therefore \log |y| = \log(x^2 e^C) \quad (C : 積分定数)$$

よって，

$$y = \pm e^C x^2, \quad \therefore y = Ax^2 \quad (A = \pm e^C)$$

を得る．　□

--- 指 数 関 数 ---

例題 1.32 曲線上の点 (x,y) における接線が x 軸と交わる点を A とし，x 軸上の点 $(x,0)$ を B とする．AB $= 1$ であるとき，この曲線の方程式を求めよ．

【解】 A $\left(x - \dfrac{y}{y'}, 0\right)$, B$(x,0)$ であるので AB $= \dfrac{y}{y'}$ である．問題の条件から，次の微分方程式を得る．

$$\frac{y}{y'} = 1, \quad \text{これより}, \quad y' = y$$

したがって，

$$\frac{dy}{y} = dx.$$

両辺を積分すると

$$\int \frac{dy}{y} = \int dx \quad \text{より} \quad \log|y| = x + C \quad (C：積分定数),$$

したがって，

$$y = \pm e^{x+C} = \pm e^C e^x,$$
$$\therefore \quad y = Ae^x \quad (A = \pm e^C)$$

を得る． □

--- 追 跡 線 ---

例題 1.33 曲線上の点 P(x,y) における接線が x 軸と交わる点を A とする．PA $= 1$ であるとき，この曲線の方程式を求めよ．

【解】 A $\left(x - \dfrac{y}{y'}, 0\right)$, P$(x,y)$ であるので PA$^2 = y^2 + \left(\dfrac{y}{y'}\right)^2$ である．PA $= 1$ より，次の微分方程式が得られる．

$$y^2 + \left(\frac{y}{y'}\right)^2 = 1$$

1.8 応 用

これを y' について解くと

$$\frac{dy}{dx} = \frac{y}{\sqrt{1-y^2}}$$

を得る．両辺を積分すると

$$\int \frac{\sqrt{1-y^2}}{y}\,dy = \int dx = x + C \quad (C:積分定数).$$

ここで $u = \sqrt{1-y^2}$ とおくと

$$\int \frac{\sqrt{1-y^2}}{y}\,dy = \int \frac{u^2}{u^2-1}\,du$$

を得る．右辺は

$$\int \frac{u^2}{u^2-1}\,du = \int \left\{1 + \frac{1}{u^2-1}\right\}du$$

$$= u + \int \frac{1}{u^2-1}\,du$$

$$= u + \frac{1}{2}\log\left|\frac{u-1}{u+1}\right|$$

であるので

$$\int \frac{\sqrt{1-y^2}}{y}\,dy = \sqrt{1-y^2} + \frac{1}{2}\log\left|\frac{\sqrt{1-y^2}-1}{\sqrt{1-y^2}+1}\right|$$

$$= \sqrt{1-y^2} + \frac{1}{2}\log\left|\frac{\sqrt{1-y^2}-1}{y}\right|.$$

以上から

$$x + C = \sqrt{1-y^2} + \frac{1}{2}\log\left|\frac{\sqrt{1-y^2}-1}{y}\right|$$

を得る．これが求める曲線の方程式[7]である． □

---

[7] この曲線を x 軸のまわりに回転すると，非ユークリッド幾何学のモデルであるベルトラミ擬球面 (ガウス曲率が -1 である負の定曲率をもつ曲面) が得られる．

―― 放 物 線 (2) ――

例題 1.34 曲線上の点 (x, y) における法線が x 軸と交わる点を A とし，x 軸上の点 $(x, 0)$ を B とする．AB の長さが常に 1 であるとき，この曲線の方程式を求めよ．

【解】 $\mathrm{A}(x + yy', 0)$, $\mathrm{B}(x, 0)$ であるので AB の長さは yy' であることから，次の微分方程式が得られる．
$$yy' = 1$$
両辺を積分すると
$$\frac{y^2}{2} = x + C \quad (C : 積分定数),$$
したがって，
$$y = \pm\sqrt{2x + A} \quad (A = 2C)$$
を得る． □

1.8.2 物理への応用

―― 単 振 動 ――

例題 1.35 x 軸上の質点 $x(t)$ は微分方程式
$$\frac{d^2 x(t)}{dt^2} = -x(t)$$
に従って運動している．速度 v を位置 x の関数として表せ．

【解】 $v(t) = \dfrac{dx(t)}{dt}$ であるので，合成関数の微分の公式により，
$$\frac{d^2 x(t)}{dt^2} = \frac{dv(t)}{dt} = \frac{dv}{dx}\frac{dx(t)}{dt} = v\frac{dv}{dx}.$$
微分方程式 $\dfrac{d^2 x(t)}{dt^2} = -x(t)$ に代入して
$$v\frac{dv}{dx} = -x, \qquad \therefore \quad v\, dv = -x\, dx$$

1.8 応　用

両辺を積分して

$$\int v\,dv = -\int x\,dx.$$

したがって，

$$v^2 = -x^2 + C \quad (C：積分定数)$$

より，

$$v = \pm\sqrt{C - x^2}$$

を得る． □

---- ニュートンの法則 ----

例題 1.36　物体の表面の温度 $u(t)$ は微分方程式

$$\frac{du(t)}{dt} = k(u(t) - u_1) \quad (k：比例定数，u_1：室温)$$

に従うことが知られている．温度 $u(t)$ を時間 t の関数として表せ．

【解】　与えられた微分方程式から，

$$\frac{du}{u - u_1} = k\,dt.$$

両辺を積分して

$$\int \frac{du}{u - u_1} = \int k\,dt,$$

$$\therefore\ \log|u - u_1| = kt + C \quad (C：積分定数)$$

よって，

$$u - u_1 = \pm e^{kt+C}$$

より，

$$u = u_1 + Ae^{kt} \quad (A = \pm e^C)$$

を得る． □

―― 質点の運動 ――

例題 1.37 質点 $(x(t), y(t))$ は，微分方程式

$$\begin{cases} \dfrac{dx}{dt} = -y(t) \\ \dfrac{dy}{dt} = x(t) \end{cases} \qquad (x(0), y(0)) = (1, 0)$$

に従って運動している．質点 $(x(t), y(t))$ の軌道を求めよ．

【解】 $\dfrac{dy}{dx} = \dfrac{\frac{dy}{dt}}{\frac{dx}{dt}} = -\dfrac{x}{y}$ より

$$\frac{dy}{dx} = -\frac{x}{y}$$

を得る．

$$y\,dy = -x\,dx$$

の両辺を積分して

$$\int y\,dy = \int (-x)\,dx.$$

したがって，

$$\frac{1}{2}y^2 = -\frac{1}{2}x^2 + C \quad (C : 積分定数),$$

$$\therefore \quad x^2 + y^2 = 2C$$

初期条件 $(x(0), y(0)) = (1, 0)$ を代入して $2C = 1$．以上から，求める $(x(t), y(t))$ の軌道は

$$x^2 + y^2 = 1$$

である．これは，原点中心，半径 1 の円である． □

1.9 章末問題

1. 次の微積分方程式を解け.

(1) $\displaystyle\int_0^x \sqrt{1+y'(t)^2}\,dt = \dfrac{e^x - e^{-x}}{2}$

(2) $\displaystyle\int_0^x \sqrt{1+y'(t)^2}\,dt = \dfrac{1}{2}\left(x\sqrt{1+x^2} + \log(x+\sqrt{1+x^2})\right)$

(3) $y'\sin x + y\cos x = 1$

(4) $y'\cos x - y\sin x = 1$

2. 次の微分方程式を解け.

(1) $\dfrac{dy}{dx} = \dfrac{3}{2}\dfrac{x}{y}$ 　　(2) $\dfrac{dy}{dx} = \dfrac{2y}{x}$ 　　(3) $\dfrac{dy}{dx} + \dfrac{1}{x}y = \dfrac{\sin x}{x}$

3. 次の微分方程式を解け.

(1) $y' = \dfrac{-2^2 + xy}{x^2}$ 　　(2) $y' = \dfrac{x+y}{x}$ 　　(3) $y' = \dfrac{x^2+y^2}{xy}$

(4) $\dfrac{dy}{dx} = \dfrac{3x}{2y}$ 　　(5) $\dfrac{dy}{dx} = -\dfrac{y}{x}$

4. 次の微分方程式を解け.

(1) $1 + \displaystyle\int_1^x ty(t)^2\,dt = xy$ 　　(2) $y' = y^2 - 2\dfrac{y}{x}$

5. 次の微分方程式を解け.

$$y' = y^2 + 2 + 4x^2 - 4xy$$

6. 次の微分方程式を解け.

(1) $m\dfrac{dv}{dt} = mg - kv$ 　$(m, g, k : 定数)$

(2) 質点 $(x(t), y(t))$ は, 微分方程式

$$\begin{cases} \dfrac{dx}{dt} = -2y(t) \\ \dfrac{dy}{dt} = x(t) \end{cases} \quad (x(0), y(0)) = (1, 0)$$

に従って運動している. $(x(t), y(t))$ の軌道を求めよ.

2

2 階線形常微分方程式と連立線形常微分方程式

　本章では，2 階線形常微分方程式と連立線形常微分方程式のいくつかの基本的解法を学ぶ．また，その解の構造についても基本事項を簡単に説明する．本来，これらの方程式は，多変数 1 階正規線形常微分方程式系 (付録参照) の枠組みで総合的に理解すべきであるが，本書の趣旨は，まず，読者に典型的な微分方程式になじみ親しんでもらうことであり，これらを個別の型の方程式として扱う説明方法を採用した．本章は，2 階線形常微分方程式と連立線形常微分方程式の解法について，その技術的側面の説明に重点をおいた内容である．

　本章に関連する付録においては，常微分方程式の解の存在に関する定理や線形常微分方程式の数学的構造，および，本書の範囲を越えるさまざまな方程式とその解について簡潔に解説する．工学を学びつつある多くの読者にとって，微分方程式の学習においては，解法の技術獲得が優先されるところであるが，さらに進んで，その数学的構造についての解説である付録も必ず一読されることをお勧めする．

2.1　定数係数 2 階線形同次・非同次常微分方程式の解の構造 ──

$p(x), q(x)$ を与えられた関数とし，$y(x)$ を未知関数とするとき，方程式

$$y''(x) + P(x)y'(x) + Q(x)y(x) = 0 \tag{2.1.1}$$

を **2 階線形同次常微分方程式**といい，与えられた関数 $R(x)$ に対し

$$y''(x) + P(x)y'(x) + Q(x)y(x) = R(x) \tag{2.1.2}$$

と表される方程式を **2 階線形非同次常微分方程式**という．特に，$P(x), Q(x)$ が定数 p, q であるとき，方程式 (2.1.1), (2.1.2) を，それぞれ定数係数 2 階線形同

次常微分方程式, 定数係数 2 階線形非同次常微分方程式という.

以下の定理は 2 階線形常微分方程式に関する基本事項であり, 証明と解説は付録で与える.

― 線 形 性 ―

定理 2.1.1 $y_1(x), y_2(x)$ を 2 階線形同次常微分方程式 (2.1.1) の 2 つの解とする. c_1, c_2 を任意の数 (複素数も可) とするとき, 関数 $c_1 y_1(x) + c_2 y_2(x)$ も, 式 (2.1.1) の解になる.

― 同次方程式の一般解 ―

定理 2.1.2 $y_1(x), y_2(x)$ を 2 階線形同次常微分方程式 (2.1.1) の 2 つの解とする. 関数 $c_1 y_1(x) + c_2 y_2(x)$ が恒等的に 0 になるのは, 定数 c_1, c_2 が $c_1 = c_2 = 0$ である場合のみであるとき, $y_1(x), y_2(x)$ は式 (2.1.1) の **1 次独立な解**であるという. 1 次独立な 2 つの解の組を式 (2.1.1) の**基本解**といい, 任意定数 c_1, c_2 を用いて,

$$y = c_1 y_1(x) + c_2 y_2(x) \tag{2.1.3}$$

と表したものを式 (2.1.1) の**一般解**という. この式 (2.1.3) により式 (2.1.1) のすべての解が表される.

― ロンスキャン ―

定理 2.1.3 $y_1(x), y_2(x)$ を 2 階線形同次常微分方程式 (2.1.1) の 2 つの解とする. y_1, y_2 に対して,

$$W[y_1, y_2](x) \equiv y_1(x) y_2'(x) - y_2(x) y_1'(x) \tag{2.1.4}$$

とおき, $W[y_1, y_2](x)$ を y_1, y_2 の**ロンスキャン** (Wronskian) という. このとき, $W[y_1, y_2](x)$ は恒等的に 0 になるか, 決して 0 にならないかのいずれかである. $W[y_1, y_2](x)$ が決して 0 にならないとき, かつそのときに限り y_1, y_2 は式 (2.1.1) の 1 次独立な解である.

2.1 定数係数 2 階線形同次・非同次常微分方程式の解の構造

───── **非同次方程式の一般解** ─────

定理 2.1.4 2 階線形非同次常微分方程式 (2.1.2) の任意の 1 つの解を式 (2.1.2) の**特解**という．式 (2.1.2) のすべての解 y は，その 1 つの特解 $y_p(x)$ と式 (2.1.1) (**付随する同次方程式**という) の一般解 (2.1.3) との和で表される：

$$y(x) = c_1 y_1(x) + c_2 y_2(x) + y_p(x). \tag{2.1.5}$$

以上の定理は，解の**存在**を前提として述べられている．次の定理は，2 階線形非同次常微分方程式の解の**存在と一意性** (ただ一つに定まること) に関するもっとも重要な基本定理であり，**初期条件** (ある x の点における条件) を含んだ形で述べられる．

───── **解の存在と一意性** ─────

定理 2.1.5 2 階線形同次常微分方程式 (2.1.2) において，$P(x)$, $Q(x)$, $R(x)$ はある開区間 I において連続であるとする．任意に $a \in I$ をとり，任意に初期値 b, b' を与えるとき，**初期条件**

$$y(a) = b, \qquad y'(a) = b' \tag{2.1.6}$$

を満たす式 (2.1.2) の解が存在する．その解は，I 全体で定義された解に拡張することが可能であり，しかも I 全体で定義された初期条件 (2.1.6) を満たす解はただ一つである．

注意 定理 2.1.5 の条件のもとで一意的な解の存在が保証されるので，実際に 2 階線形常微分方程式を解く際には，定理 2.1.2, 2.1.3, 2.1.4 で述べられている関数 y_1, y_2, y_p を求めればよい．また，問題において，ある初期条件 (2.1.6) が与えられている場合は，それを満たすように定数 c_1, c_2 を決定すればよい． ∎

2.2 特性方程式と定数係数 2 階線形常微分方程式の解法

本節では，方程式 (2.1.1), (2.1.2) において，$P(x), Q(x)$ が特に定数 p, q である場合について，その解法を学習する．すなわち，定数係数 2 階線形同次常微分方程式

$$y''(x) + p \cdot y'(x) + q \cdot y(x) = 0 \tag{2.2.1}$$

および，定数係数 2 階線形非同次常微分方程式

$$y''(x) + p \cdot y'(x) + q \cdot y(x) = R(x) \tag{2.2.2}$$

の解法を学ぶ．

2.1 節での考察により，同次方程式 (2.2.1) の一般解は，この式を満たす 2 つの 1 次独立な解 $y_1 = y_1(x), y_2 = y_2(x)$ と任意定数 c_1, c_2 を用いて，

$$y(x) = c_1 y_1(x) + c_2 y_2(x) \tag{2.2.3}$$

で与えられ，非同次方程式 (2.2.2) の一般解は，この式を満たす 1 つの特解 $y_p = y_p(x)$ と式 (2.2.1) の一般解を用いて，

$$y(x) = c_1 y_1(x) + c_2 y_2(x) + y_p(x) \tag{2.2.4}$$

で与えられる．

はじめに，$R(x) = 0$ である同次方程式 (2.2.1) の解 y_1, y_2 を求める方法を考えよう．式 (2.2.1) の形から，この等式を満たす $y(x)$ は**指数関数**であると予想できる．この予想に従い，

$$y(x) = e^{\lambda x} \tag{2.2.5}$$

とおき，この式が式 (2.2.1) を満たすように定数 λ (複素数の場合もある) を定めてみよう．式 (2.2.5) を式 (2.2.1) の左辺に代入すると，

$$\begin{aligned} y''(x) + p \cdot y'(x) + q \cdot y(x) &= (e^{\lambda x})'' + p\,(e^{\lambda x})' + q\,e^{\lambda x} \\ &= \lambda^2 e^{\lambda x} + p\,\lambda e^{\lambda x} + q\,e^{\lambda x} \\ &= e^{\lambda x}(\lambda^2 + p\lambda + q). \end{aligned} \tag{2.2.6}$$

この式 (2.2.6) の右辺がすべての x に対して 0 になる (恒等的に 0 という) ことが，式 (2.2.1) が成り立つことであるから，λ が次の式 (2.2.7) を満たすよう

2.2 特性方程式と定数係数 2 階線形常微分方程式の解法

に選べば，$e^{\lambda x}$ は式 (2.2.1) の解となる．

特性方程式

$$\lambda^2 + p\lambda + q = 0 \tag{2.2.7}$$

λ を未知数とする 2 次方程式 (2.2.7) を，微分方程式 (2.2.1) の**特性方程式**という．

λ に関する 2 次方程式 (2.2.7) の解は，2 次方程式の解の公式により次で与えられる：

$$\lambda = \frac{-p \pm \sqrt{p^2 - 4q}}{2}.$$

これは，異なる 2 実解，重解，2 つの複素数解のいずれかである．それらによって得られる同次方程式 (2.2.1) の基本解の型は異なる．

異なる 2 実解 λ_1, λ_2 をもつ場合は，(2.2.5) により，$e^{\lambda_1 x}, e^{\lambda_2 x}$ がそれぞれ 2 つの 1 次独立な解 y_1, y_2 となるから，定理 2.1.2 と (2.2.3) により，次の定理 2.2.1 を得る．他の場合もあわせて以下に結論をまとめておく (詳しい説明は例題とともに与える)．

特性方程式が 2 実解をもつ場合

定理 2.2.1 $p^2 - 4q > 0$ であるとき，すなわち，特性方程式 (2.2.7) が異なる 2 実解

$$\lambda_1 = \frac{-p + \sqrt{p^2 - 4q}}{2}, \qquad \lambda_2 = \frac{-p - \sqrt{p^2 - 4q}}{2}$$

をもつとき，定数係数 2 階線形同次常微分方程式 (2.2.1) の 1 次独立な 2 つの解として

$$y_1(x) = e^{\lambda_1 x}, \qquad y_2(x) = e^{\lambda_2 x}$$

をとることができ，方程式 (2.2.1) の一般解は次で与えられる：

$$y(x) = c_1 e^{\lambda_1 x} + c_2 e^{\lambda_2 x} \qquad (c_1, c_2 \text{ は任意定数}).$$

―― 特性方程式が重解をもつ場合 ――

定理 2.2.2 $p^2 - 4q = 0$ であるとき,すなわち,特性方程式 (2.2.7) が重解

$$\lambda = -\frac{p}{2}$$

をもつとき,定数係数 2 階線形同次常微分方程式 (2.2.1) の 1 次独立な 2 つの解として

$$y_1(x) = e^{-\frac{1}{2}px}, \qquad y_2(x) = xe^{-\frac{1}{2}px}$$

をとることができ,方程式 (2.2.1) の一般解は次で与えられる:

$$y(x) = c_1 e^{\lambda x} + c_2 x e^{\lambda x} \qquad (c_1, c_2 \text{ は任意定数}).$$

―― 特性方程式が 2 つの複素数解をもつ場合 ――

定理 2.2.3 $p^2 - 4q < 0$ であるとき,すなわち,特性方程式 (2.2.7) が 2 つの複素数解

$$\lambda_1 = \frac{-p + \sqrt{p^2 - 4q}}{2}, \qquad \lambda_2 = \frac{-p - \sqrt{p^2 - 4q}}{2}$$

をもつとき,$\sqrt{p^2 - 4q} = i\sqrt{4q - p^2}$ であるから,$\omega = \sqrt{q - \frac{1}{4}p^2}$ とおき,

$$\lambda_1 = -\frac{1}{2}p + i\omega, \qquad \lambda_2 = -\frac{1}{2}p - i\omega$$

とおくことにより (ここで,$i = \sqrt{-1}$),定数係数 2 階線形同次常微分方程式 (2.2.1) の 1 次独立な 2 つの解として,

$$y_1(x) = e^{-\frac{1}{2}px}\cos\omega x, \qquad y_2(x) = e^{-\frac{1}{2}px}\sin\omega x$$

をとることができ,方程式 (2.2.1) の一般解は次で与えられる:

$$y(x) = c_1 e^{-\frac{1}{2}px}\cos\omega x + c_2 e^{-\frac{1}{2}px}\sin\omega x \qquad (c_1, c_2 \text{ は任意定数}).$$

2.2 特性方程式と定数係数 2 階線形常微分方程式の解法

> **例題 2.1** 次の (同次) 微分方程式の一般解を求めよ.
> $$y'' - y' - 2y = 0$$

【解】 (2.2.7) により,与えられた微分方程式の特性方程式は,
$$\lambda^2 - \lambda - 2 = (\lambda - 2)(\lambda + 1) = 0$$
であるから,特性方程式は 2 実解 $\lambda_1 = 2$, $\lambda_2 = -1$ をもつ.したがって,定理 2.2.1 により,求める一般解は次で与えられる:
$$y(x) = c_1 e^{2x} + c_2 e^{-x}. \qquad \square$$

● **練習問題 2.1** 次の (同次) 微分方程式の一般解を求めよ.
(1) $\quad y'' + y' - 2y = 0$
(2) $\quad y'' - 5y' + 4y = 0$

次に,特性方程式において,$p^2 - 4q = 0$ となっており,したがって特性方程式が $\left(\lambda + \dfrac{p}{2}\right)^2 = 0$ と因数分解され,重解 $\lambda = -\dfrac{p}{2}$ をもつ場合を考える.このとき,(2.2.5) により $e^{-\frac{p}{2}x}$ が,特性方程式より直接に知ることのできる同次方程式 (2.2.1) の解 y_1 である.また,$y_2 = xe^{-\frac{p}{2}x}$ とおくと,この y_2 も式 (2.2.1) の解となることが確かめられる (y_2 とその 1 階,2 階導関数を式 (2.2.1) の左辺に代入してすると,値は 0 となり,方程式が成り立つ). さらに,定理 2.1.3 によりこの y_1, y_2 が 1 次独立であることがわかり,(2.2.3) により定理 2.2.2 が成り立つ.

> **例題 2.2** 次の (同次) 微分方程式の一般解を求めよ.
> $$y'' + 4y' + 4y = 0$$

【解】 (2.2.7) により,与えられた微分方程式の特性方程式は,
$$\lambda^2 + 4\lambda + 4 = (\lambda + 2)^2 = 0$$
であるから,特性方程式は重解 $\lambda = -2$ をもつ.したがって,定理 2.2.2 によ

り，求める一般解は次で与えられる：
$$y(x) = c_1 e^{-2x} + c_2 x e^{-2x}. \qquad \square$$

● **練習問題 2.2** 次の (同次) 微分方程式の一般解を求めよ．
(1) $\quad y'' - 4y' + 4y = 0$
(2) $\quad y'' - 6y' + 9y = 0$

最後に，$p^2 - 4q < 0$ であるとき，すなわち，特性方程式 (2.2.7) が 2 つの複素数解
$$\lambda_1 = \frac{-p + \sqrt{p^2 - 4q}}{2}, \qquad \lambda_2 = \frac{-p - \sqrt{p^2 - 4q}}{2}$$
をもつとき，$\omega = \sqrt{q - \frac{1}{4}p^2}$ とおけば，$\lambda_1 = -\frac{1}{2}p + i\omega$, $\lambda_2 = -\frac{1}{2}p - i\omega$ と表される．したがって，(2.2.3) により，同次方程式 (2.2.1) の一般解として次が得られる：
$$y(x) = c_1 e^{(-\frac{1}{2}p + i\omega)x} + c_2 e^{(-\frac{1}{2}p - i\omega)x}. \qquad (2.2.8)$$
複素数の指数関数による解の表記を認めれば，この式 (2.2.8) は方程式 (2.2.1) の一般解である．一方で，複素数を含まない (表には見えない) 形で解を表記したい場合は，式 (2.2.8) を変形する必要がある．そのためには，複素数の指数関数の (実数の) 三角関数による**定義式** (しばしば**オイラーの公式**とよばれる) を用いる．以下が複素数の指数関数を定義する式である：

$$\text{実数 } \theta \text{ に対し，} e^{i\theta} \equiv \cos\theta + i\sin\theta. \qquad (2.2.9)$$

さて，複素数の指数関数による解の表記により，$\widetilde{y}_1 = e^{-\frac{1}{2}p + i\omega x}$ と $\widetilde{y}_2 = e^{-\frac{1}{2}p - i\omega x}$ は同次方程式 (2.2.1) の 1 次独立な 2 つの解である．定義式 (2.2.9) を用いてこれらを三角関数で表すと，次のようになる：
$$\widetilde{y}_1 = e^{-\frac{1}{2}px}(\cos\omega x + i\sin\omega x), \quad \widetilde{y}_2 = e^{-\frac{1}{2}px}(\cos\omega x - i\sin\omega x). \quad (2.2.10)$$
定理 2.1.1 (解の線形性) により，$\widetilde{y}_1 + \widetilde{y}_2$ も式 (2.2.1) の解であり，さらに
$$\frac{1}{2}(\widetilde{y}_1 + \widetilde{y}_2) = e^{-\frac{1}{2}px} \cos\omega x \qquad (2.2.11)$$

2.2 特性方程式と定数係数 2 階線形常微分方程式の解法

も式 (2.2.1) の解となる．同様に $\widetilde{y_1} - \widetilde{y_2}$ も式 (2.2.1) の解であり，さらに

$$\frac{1}{2i}(\widetilde{y_1} - \widetilde{y_2}) = e^{-\frac{1}{2}px} \sin \omega x \tag{2.2.12}$$

も式 (2.2.1) の解となる．$y_1 = \dfrac{1}{2}(\widetilde{y_1} + \widetilde{y_2}), y_2 = \dfrac{1}{2i}(\widetilde{y_1} + \widetilde{y_2})$ とおくことにより，これらは 1 次独立な解となり (定理 2.1.3 による)，定理 2.2.3 を得る．

例題 2.3 次の (同次) 微分方程式の一般解を求めよ．
$$y'' + 4y' + 5y = 0$$

【解】 (2.2.7) により，与えられた微分方程式の特性方程式は，
$$\lambda^2 + 4\lambda + 5 = 0$$

であるから，特性方程式は複素数解 $\lambda_1 = -2 + i$ と $\lambda_2 = -2 - i$ をもつ．したがって，定理 2.2.3 により，求める一般解は次で与えられる：
$$y(x) = c_1 e^{-2x} \cos x + c_2 e^{-2x} \sin x. \qquad \square$$

● **練習問題 2.3** 次の (同次) 微分方程式の一般解を求めよ．
(1) $\quad y'' - 2y' + 5y = 0$
(2) $\quad y'' + 3y = 0$

続いて，$R(x) \neq 0$ の場合，すなわち，非同次方程式 (2.2.2) の解法を述べる．ここでは，$R(x)$ が特定の形である場合について，定数係数 2 階線形非同次常微分方程式

$$y''(x) + p \cdot y'(x) + q \cdot y(x) = R(x) \tag{2.2.2}$$

の解法を調べてみよう．一般の $R(x)$ に対しても，2.3 節の (ダランベールの) 階数低下法や 2.4 節の定数変化法により解を求めることが可能であり，このことにより，本節では以下に述べる特定の $R(x)$ に対してのみの考察を行うことにする．

以下の事実は直接の計算により，簡単に確認できる：

―――― $R(x)$ の形と特解 $y_p(x)$ の形 ――――

(1) $R(x) = A_n x^n + A_{n-1} x^{n-1} + \cdots + A_0$ であるとき.

(1-i) $q \neq 0$ であれば,非同次方程式 (2.2.2) の特解は,次の形で得られる:
$$y_p(x) = B_n x^n + B_{n-1} x^{n-1} + \cdots + B_0.$$

(1-ii) $p \neq 0, q = 0$ であれば,非同次方程式 (2.2.2) の特解は,次の形で得られる:
$$y_p(x) = x(B_n x^n + B_{n-1} x^{n-1} + \cdots + B_0).$$

(2) $R(x) = e^{\alpha x}(A_n x^n + A_{n-1} x^{n-1} + \cdots + A_0)$ であるとき.

(2-i) $\alpha^2 + p\alpha + q \neq 0$ であれば,非同次方程式 (2.2.2) の特解は,次の形で得られる:
$$y_p(x) = e^{\alpha x}(B_n x^n + B_{n-1} x^{n-1} + \cdots + B_0).$$

(2-ii) $\alpha^2 + p\alpha + q = 0, \alpha \neq -\dfrac{p}{2}$ であれば,非同次方程式 (2.2.2) の特解は,次の形で得られる:
$$y_p(x) = e^{\alpha x} x(B_n x^n + B_{n-1} x^{n-1} + \cdots + B_0).$$

(2-iii) $\alpha^2 + p\alpha + q = 0, \alpha = -\dfrac{p}{2}$ であれば,非同次方程式 (2.2.2) の特解は,次の形で得られる:
$$y_p(x) = e^{\alpha x} x^2 (B_n x^n + B_{n-1} x^{n-1} + \cdots + B_0).$$

(3) $R(x) = A \sin \alpha x$,または $A \cos \alpha x$ であるとき.

$(p, q) \neq (0, \alpha^2)$ であれば,非同次方程式 (2.2.2) の特解は,次の形で得られる:
$$y_p(x) = B_1 \sin \alpha x + B_2 \cos \alpha x.$$

2.2 特性方程式と定数係数 2 階線形常微分方程式の解法

例題 2.4 次の (非同次) 微分方程式の一般解を求めよ.
$$y'' - y' - 2y = x \qquad (2.2.13)$$
また, 初期条件 $y(0) = 1, y'(0) = 0$ を満たす解を求めよ.

【解】 この問題において, 与式 (2.2.13) の右辺の非同次項 $R(x) = x$ を 0 とした (2.2.13) に**付随する同次方程式**は
$$y'' - y' - 2y = 0$$
であり, この同次方程式の一般解は,
$$y(x) = c_1 e^{2x} + c_2 e^{-x}$$
として例題 2.1 で得られている. したがって, 1 つの特解 $y_p(x)$ を求めることにより, (2.2.4) (定理 2.1.4 参照) の形で非同次方程式の一般解が記述できる. 上記の**特解 $y_p(x)$ の形 (1)**–(1-i) により
$$y_p(x) = B_1 x + B_0$$
とおき, 式 (2.2.13) の左辺に代入し, それが, 右辺の x に一致するように**未定係数** B_0, B_1 を選べばよい. すなわち,
$$y_p'' = (B_1 x + B_0)'' = 0, \quad y_p' = (B_1 x + B_0)' = B_1, \quad y_p = B_1 x + B_0$$
を式 (2.2.13) の左辺に代入すると,
$$-B_1 - 2(B_1 x + B_0)$$
となり, これが右辺 x に等しいとして,
$$-2B_1 x - (B_1 + 2B_0) = x.$$
したがって, $B_1 = -\dfrac{1}{2}, B_0 = \dfrac{1}{4}$ が得られ,
$$y_p(x) = -\frac{1}{2}x + \frac{1}{4}$$
が求まる (この y_p を式 (2.2.13) の左辺に代入し等号が成り立つことを確認せよ). よって, 式 (2.2.13) の一般解は次で与えられる:

$$y(x) = c_1 e^{2x} + c_2 e^{-x} - \frac{1}{2}x + \frac{1}{4}. \tag{2.2.14}$$

次に，初期条件 $y(0) = 1, y'(0) = 0$ を満たす解を求めよう．この式 (2.2.14) により，条件 $y(0) = 1$ は，$c_1 + c_2 + \frac{1}{4} = 1$，また式 (2.2.14) を微分することにより，

$$y'(x) = 2c_1 e^{2x} - c_2 e^{-x} - \frac{1}{2}$$

であるから，条件 $y'(0) = 0$ は $2c_1 - c_2 - \frac{1}{2} = 0$ となる．この2つの式により，$c_1 = \frac{5}{12}, c_2 = \frac{1}{3}$ が求まる．よって，与えられた初期条件を満たす (一意) 解は次で与えられる：

$$y(x) = \frac{5}{12}e^{2x} + \frac{1}{3}e^{-x} - \frac{1}{2}x + \frac{1}{4}. \qquad \square$$

● **練習問題 2.4** 次の (非同次) 微分方程式の一般解を求め，次に，与えられた初期条件を満たす解を求めよ．

(1) $\quad y'' - 2y' + 5y = 5x + 3 \quad (y(0) = 0, y'(0) = 1)$
(2) $\quad y'' - 4y' + 4y = x^2 + 1 \quad (y(0) = 0, y'(0) = 1)$

例題 2.5 次の (非同次) 微分方程式の一般解を求めよ．

$$y'' + 4y' + 5y = 2e^{-x} \tag{2.2.15}$$

また，初期条件 $y(0) = 0, y'(0) = 0$ を満たす解を求めよ．

【解】 この問題において，与式 (2.2.15) に付随する同次方程式は，

$$y'' + 4y' + 5y = 0$$

であり，この同次方程式の一般解は，

$$y(x) = c_1 e^{-2x} \cos x + c_2 e^{-2x} \sin x$$

として例題 2.3 で得られている．したがって，1つの特解 $y_p(x)$ を求めることにより，(2.2.4) (定理 2.1.4 参照) の形で非同次方程式の一般解が記述できる．上

2.2 特性方程式と定数係数 2 階線形常微分方程式の解法

記の**特解** $y_p(x)$ の形 **(2)**–(2-i) により

$$y_p(x) = B_0 e^{-x}$$

とおき，与式 (2.2.15) の左辺に代入し，それが，右辺の $2e^{-x}$ に一致するように**未定係数** B_0 を選べばよい．すなわち，

$$y_p'' = (B_0 e^{-x})'' = B_0 e^{-x}, \quad y_p' = (B_0 e^{-x})' = -B_0 e^{-x}, \quad y_p = B_0 e^{-x}$$

を式 (2.2.15) の左辺に代入すると，

$$B_0 e^{-x} - 4B_0 e^{-x} + 5B_0 e^{-x}$$

となり，これが右辺 $2e^{-x}$ に等しいとして，

$$2B_0 e^{-x} = 2e^{-x}.$$

したがって，$B_0 = 1$ が得られ，

$$y_p(x) = e^{-x}$$

が求まる（この y_p を式 (2.2.15) の左辺に代入し等号が成り立つことを確認せよ）．よって，式 (2.2.15) の一般解は次で与えられる：

$$y(x) = c_1 e^{-2x} \cos x + c_2 e^{-2x} \sin x + e^{-x}. \tag{2.2.16}$$

次に，初期条件 $y(0) = 0, y'(0) = 0$ を満たす解を求めよう．この式 (2.2.16) により，条件 $y(0) = 0$ は，$c_1 + 1 = 0$，また式 (2.2.16) を微分することにより，

$$y'(x) = -2c_1 e^{-2x} \cos x - c_1 e^{-2x} \sin x - 2c_2 e^{-2x} \sin x$$
$$+ c_2 e^{-2x} \cos x - e^{-x}$$

であるから，条件 $y'(0) = 0$ は $-2c_1 + c_2 - 1 = 0$ となる．この 2 つの式により，$c_1 = -1, c_2 = -1$ が求まる．よって，与えられた初期条件を満たす（一意）解は次で与えられる：

$$y(x) = -e^{-2x} \cos x - e^{-2x} \sin x + e^{-x}. \qquad \square$$

● **練習問題 2.5** 次の（非同次）微分方程式の一般解を求め，次に，与えられた初期条件を満たす解を求めよ．

(1) $\quad y'' - y = 8e^{-3x} \qquad (y(0) = 0, y'(0) = 0)$

(2) $\quad y'' - 4y' + 4y = 2e^{2x} \qquad (y(0) = 1, y'(0) = 1)$

例題 2.6 次の (非同次) 微分方程式の一般解を求めよ.
$$y'' + 4y' + 4y = \cos x \tag{2.2.17}$$
また，初期条件 $y(0) = 0, y'(0) = 0$ を満たす解を求めよ.

【解】 この問題において，この式 (2.2.17) に付随する同次方程式は,
$$y'' + 4y' + 4y = 0$$
であり，この同次方程式の一般解は,
$$y(x) = c_1 e^{-2x} + c_2 x e^{-2x}$$
として例題 2.2 で得られている．したがって，1 つの特解 $y_p(x)$ を求めることにより，(2.2.4) (定理 2.1.4 参照) の形で非同次方程式の一般解が記述できる．上記の特解 $y_p(x)$ の形 **(3)** により
$$y_p(x) = B_1 \sin x + B_2 \cos x$$
とおき，式 (2.2.17) の左辺に代入し，それが，右辺の $\cos x$ に一致するように未定係数 B_1, B_2 を選べばよい．すなわち,
$$y_p'' = (B_1 \sin x + B_2 \cos x)'' = -B_1 \sin x - B_2 \cos x,$$
$$y_p' = (B_1 \sin x + B_2 \cos x)' = B_1 \cos x - B_2 \sin x,$$
$$y_p = B_1 \sin x + B_2 \cos x$$
を式 (2.2.15) の左辺に代入すると,
$$(-B_1 \sin x - B_2 \cos x) + 4(B_1 \cos x - B_2 \sin x) + 4(B_1 \sin x + B_2 \cos x)$$
となり，これが右辺 $\cos x$ に等しいとして,
$$3B_1 - 4B_2 = 0, \qquad 4B_1 + 3B_2 = 1.$$
したがって，$B_1 = \dfrac{4}{25}, B_2 = \dfrac{3}{25}$ が得られ,
$$y_p(x) = \frac{4}{25} \sin x + \frac{3}{25} \cos x$$
が求まる (この y_p を式 (2.2.17) の左辺に代入し等号が成り立つことを確認せ

よ)．よって，式 (2.2.15) の一般解は次で与えられる：

$$y(x) = c_1 e^{-2x} + c_2 x e^{-2x} + \frac{4}{25}\sin x + \frac{3}{25}\cos x. \qquad (2.2.18)$$

次に，初期条件 $y(0) = 0, y'(0) = 0$ を満たす解を求めよう．この式 (2.2.18) により，条件 $y(0) = 0$ は，$c_1 + \frac{3}{25} = 0$，また式 (2.2.18) を微分することにより，

$$y'(x) = -2c_1 e^{-2x} + c_2 e^{-2x} - 2c_2 x e^{-2x} + \frac{4}{25}\cos x - \frac{3}{25}\sin x$$

であるから，条件 $y'(0) = 0$ は $-2c_1 + c_2 + \frac{4}{25} = 0$ となる．この 2 つの式により，$c_1 = -\frac{3}{25}, c_2 = \frac{2}{25}$ が求まる．よって，与えられた初期条件を満たす (一意) 解は次で与えられる：

$$y(x) = -\frac{3}{25}e^{-2x} + \frac{2}{25}xe^{-2x} + \frac{4}{25}\sin x + \frac{3}{25}\cos x. \qquad \square$$

● **練習問題 2.6** 次の (非同次) 微分方程式の一般解を求め，次に，与えられた初期条件を満たす解を求めよ．
(1)　　$y'' - 5y' + 4y = \cos x$　　$(y(0) = 0, y'(0) = 0)$
(2)　　$y'' - 3y = \cos x$　　$(y(0) = 1, y'(0) = 0)$

2.3　階数低下法と一般の 2 階線形常微分方程式の解法

係数が定数でない一般の非同次方程式

$$S(x)y''(x) + P(x)y'(x) + Q(x)y(x) = R(x) \qquad (2.1.2)$$

についても，これに付随する同次方程式

$$S(x)y''(x) + P(x)y'(x) + Q(x)y(x) = 0 \qquad (2.1.1)$$

の **1 つの解**が知られている場合は，(ダランベールの) **階数低下法**とよばれる方法により解くことができる： (2.1.1) の 1 つの解 $y_1(x)$ が知られているとする．$y_1(x)$ とある関数 $u(x)$ により，

$$y(x) = u(x)y_1(x) \qquad (2.3.1)$$

として，非同次方程式 (2.1.2) の解 $y(x)$ が与えられるように $u(x)$ を定めることを考える．この (2.3.1) により，

$$y'(x) = u'(x)y_1(x) + u(x)y_1'(x),$$
$$y''(x) = u''(x)y_1(x) + 2u'(x)y_1'(x) + u(x)y_1''(x)$$

であるから，これらを式 (2.1.2) の左辺に代入し $R(x)$ に等しいとして，次の式が得られる：

$$S\{u''y_1 + 2u'y_1' + uy_1''\} + P\{u'y_1 + uy_1'\} + Quy_1 = R.$$

この式を u について整理すると，

$$Su''y_1 + u'\{2Sy_1' + Py_1'\} + u\{Sy_1'' + Py_1' + Qy_1\} = R. \qquad (2.3.2)$$

ここで，y_1 は，同次方程式 (2.1.1) の解であると仮定しているから，

$$Sy_1'' + Py_1' + Qy_1 = 0$$

が成り立っている．この式により式 (2.3.2) の左辺の最後の項は 0 となり，次の u に関する微分方程式が得られる (y_1 は既知の関数であると仮定している)：

$$S(x)y_1(x)u''(x) + \{2S(x)y_1'(x) + P(x)y_1(x)\}u'(x) = R(x). \qquad (2.3.3)$$

この式 (2.3.3) は，u' については 1 階線形常微分方程式であり，第 1 章で学んだ結果 (1.4.2) を用いて解くことができる．$u'(x)$ が求まった後，これを積分して $u(x)$ が得られ，(2.3.1) の形で非同次方程式 (2.1.2) の解が求まる．

以下に例を示す．

---── ダランベールの階数低下法による解法 ──---

例題 2.7 次の非同次方程式の一般解を求めよ．

$$x^2y''(x) - xy'(x) + y(x) = 1 \qquad (2.3.4)$$

【解】 $y_1(x) = x$ とおくと，$y_1(x)$ は，付随する同次方程式

$$x^2y''(x) - xy'(x) + y(x) = 0$$

2.3 階数低下法と一般の2階線形常微分方程式の解法

の解であることが確認できる[1]。

$$y_1(x) = x$$

を利用しよう.

$$y(x) = u(x)y_1(x) = u(x)x$$

とおくと, (2.3.3) は次の方程式となる:

$$x^3 u''(x) + x^2 u'(x) = 1.$$

$u'(x)$ について, $x \neq 0$ として, 両辺を x^3 で割ることにより, 第1章で学んだ1階線形微分方程式の形に書けば (u' についての1階線形微分方程式),

$$u''(x) + \frac{1}{x}u'(x) = \frac{1}{x^3} \tag{2.3.5}$$

が得られる. よって, 1階線形微分方程式の解に関する公式 (1.4節 (1.4.2) 参照) により, 式 (2.3.5) の解は次で与えられる:

$$u'(x) = \frac{1}{x}\left(\int \frac{1}{x^2}\,dx + c_1\right)$$
$$= -\frac{1}{x^2} + \frac{c_1}{x}.$$

これを積分することにより,

$$u(x) = \frac{1}{x} + c_1 \log x + c_2$$

が得られ, 非同次方程式 (2.3.4) の一般解 $y(x) = u(x)y_1(x)$ は, c_1, c_2 を任意定数として, 次で与えられる:

$$y(x) = 1 + c_1 x \log x + c_2 x. \qquad \square$$

● **練習問題 2.7** 次の (非同次) 微分方程式で $y_1(x)$ が付随する同次方程式の解であることを確かめ, 例題 2.7 にならって, 一般解を求めよ.
  (1) $y'' + 3y = 2(\cos x + \sin x), \quad y_1(x) = \cos\sqrt{3}x$
  (2) $xy'' - (x+1)y' + y = 2x^2 e^x, \quad y_1(x) = e^x$

---

[1] 例題 2.4, 2.5, 2.6 の場合もそうであるが, 初等的な線形微分方程式の特解は, 公式を用いずとも, 目視により容易に見いだされることが多々ある.

2.4　定数変化法による解法 (ロンスキャンによる解の表記)

係数が必ずしも定数でない一般の非同次方程式

$$y''(x) + P(x)y'(x) + Q(x)y(x) = R(x) \tag{2.1.2}$$

に対し，これに付随する同次方程式

$$y''(x) + P(x)y'(x) + Q(x)y(x) = 0 \tag{2.1.1}$$

の **1 組の基本解** (したがって，**2 つの 1 次独立な解** (定理 2.1.2 参照)) が知られている場合は，2.3 節のダランベールの階数低下法の他の方法によっても微分方程式の解を求めることが可能である．本節では，**定数変化法** (ロンスキャンによる解の表記) を学ぶ (1.4 節参照).

同次方程式 (2.1.1) の **1 組の基本解** $y_1(x), y_2(x)$ が知られているとする．$y_1(x), y_2(x)$ とある関数 $u_1(x), u_2(x)$ により，

$$y(x) = u_1(x)y_1(x) + u_2(x)y_2(x) \tag{2.4.1}$$

として，非同次方程式 (2.1.2) の解 $y(x)$ が与えられるように $u_1(x), u_2(x)$ を定めることを考える．ここでは，特に次の条件を満たす関数として $u_1(x), u_2(x)$ を求めることとする:

$$u_1'(x)y_1(x) + u_2'(x)y_2(x) = 0 \text{ が任意の } x \text{ で成り立つ．} \tag{2.4.2}$$

式 (2.4.1) により，

$$y' = u_1 y_1' + u_2 y_2' + u_1' y_1 + u_2' y_2$$

である．この式に，上で設定した条件 (2.4.2) を用いると次が得られる:

$$y' = u_1 y_1' + u_2 y_2'. \tag{2.4.3}$$

この (2.4.3) を微分することにより，次が得られる:

$$y'' = u_1 y_1'' + u_2 y_2'' + u_1' y_1' + u_2' y_2'. \tag{2.4.4}$$

式 (2.4.1), (2.4.3), (2.4.4) を式 (2.1.2) の左辺に代入し，$R(x)$ に等しいとして，次の式が得られる:

$$\{u_1 y_1'' + u_2 y_2'' + u_1' y_1' + u_2' y_2'\} + P\{u_1 y_1' + u_2 y_2'\} + Q\{u_1 y_1 + u_2 y_2\} = R.$$

2.4 定数変化法による解法 (ロンスキャンによる解の表記)

この式を u_1, u_2 について整理すると,

$$\left\{u_1' y_1' + u_2' y_2'\right\} + u_1\left\{y_1'' + Py_1' + Qy_1\right\} + u_2\left\{y_2'' + Py_2' + Qy_2\right\} = R. \tag{2.4.5}$$

ここで, y_1, y_2 は, 同次方程式 (2.1.1) の解であると仮定しているから,

$$y_1'' + Py_1' + Qy_1 = 0,$$
$$y_2'' + Py_2' + Qy_2 = 0$$

が成り立っている. この式により, 式 (2.4.5) の左辺の第 2 項, 3 項は 0 となり, 次の u_1, u_2 に関する微分方程式が得られる (y_1, y_2 は既知の関数であると仮定している):

$$u_1'(x)y_1'(x) + u_2'(x)y_2'(x) = R(x). \tag{2.4.6}$$

ここで y_1, y_2 は, 同次方程式 (2.1.1) の **1 次独立な解**であると仮定しているから, 定理 2.1.3 により,

$$y_1(x)y_2'(x) - y_2(x)y_1'(x) \neq 0 \tag{2.4.7}$$

が (すべての x で) 成り立っている. u_1' と u_2' に関する連立方程式 (2.4.2), (2.4.6) を解くことにより (式 (2.4.7) により連立方程式は解をもつことが保証される), $u_1'(x), u_2'(x)$ が求まり, これを積分して $u_1(x), u_2(x)$ が求まり, (2.4.1) の形で解が定まる.

以上を定理として以下に述べる:

---------- ロンスキャンによる解の表記 ----------

定理 2.4.1 (2.1.1) の**一組の基本解** $y_1(x)$, $y_2(x)$ が知られているとする. $u_1(x)$, $u_2(x)$ を

$$\begin{cases} u_1'(x)y_1(x) + u_2'(x)y_2(x) = 0 & (2.4.2) \\ u_1'(x)y_1'(x) + u_2'(x)y_2'(x) = R(x) & (2.4.6) \end{cases}$$

を満たす関数とする. u_1' と u_2' に関する上記の連立方程式の解は,

$$u_1' = \frac{-y_2 R}{W(y_1, y_2)}, \quad u_2' = \frac{y_1 R}{W(y_1, y_2)}$$

である. これらを積分し,

$$u_1(x) = \int \frac{-y_2(x)R(x)}{W(y_1(x), y_2(x))}\,dx, \quad u_2(x) = \int \frac{y_1(x)R(x)}{W(y_1(x), y_2(x))}\,dx$$

が得られる. ここで,

$$W(y_1(x), y_2(x)) = y_1(x)y_2'(x) - y_2(x)y_1'(x)$$

である (ロンスキャン (式 (2.4.7) 参照)). これらを用いて, 非同次方程式

$$y''(x) + P(x)y'(x) + Q(x)y(x) = R(x) \quad (2.1.2)$$

の一般解 $y(x)$ は次で与えられる:

$$y(x) = y_1(x)u_1(x) + y_2(x)u_2(x). \quad (2.4.1)$$

---------- ロンスキャンによる解の表記 ----------

例題 2.8 次の非同次方程式の一般解を求めよ.

$$y''(x) + 9y(x) = \cos 2x \quad (2.4.8)$$

【解】 定理 2.2.3 により, 付随する同次方程式

$$y''(x) + 9y(x) = 0$$

の基本解は,

$$y_1(x) = \cos 3x, \quad y_2(x) = \sin 3x$$

2.4 定数変化法による解法 (ロンスキャンによる解の表記)

である．この y_1, y_2 により，(2.4.2), (2.4.6) はそれぞれ，

$$\begin{cases} u_1'(x)\cos 3x + u_2'(x)\sin 3x = 0, \\ -3u_1'(x)\sin 3x + 3u_2'(x)\cos 3x = \cos 2x \end{cases}$$

となり，これを u_1', u_2' について解いて，積分すると，任意定数を c_1, c_2 として次が得られる：

$$u_1'(x) = -\frac{1}{3}\cos 2x \sin 3x$$
$$= -\frac{1}{6}(\sin 5x + \sin x).$$

これを積分することにより，

$$u_1(x) = \frac{1}{6}\left(\frac{1}{5}\cos 5x + \cos x\right) + c_1.$$

同様に，

$$u_2(x) = \frac{1}{6}\left(\frac{1}{5}\sin 5x + \sin x\right) + c_2.$$

したがって，(2.4.1) により，非同次方程式 (2.1.2) の一般解 $y(x)$ は次で与えられる：

$$y(x) = \frac{1}{6}\left\{\frac{1}{5}(\cos 5x \cos 3x + \sin 5x \sin 3x) + (\cos x \cos 3x + \sin x \sin 3x)\right\}$$
$$\qquad\qquad + c_1 \cos 3x + c_2 \sin 3x$$
$$= \frac{1}{5}\cos 2x + c_1 \cos 3x + c_2 \sin 3x. \qquad \square$$

● **練習問題 2.8** 次の (非同次) 微分方程式で $y_1(x), y_2(x)$ が付随する同次方程式の解であることを確かめ，例題 2.8 にならって，一般解を求めよ．

(1) $\quad y'' + y = \dfrac{1}{\cos x}, \quad y_1(x) = \cos x, \, y_2(x) = \sin x$

(2) $\quad x^2 y'' - (x^2 + 2x)y' + (x+2)y = x^3, \quad y_1(x) = x, \, y_2(x) = xe^x$

2.5 消去法による定数係数連立 1 階線形常微分方程式の解法

本節では，行列による表記を用いずに，定数係数連立 1 階線形常微分方程式を解く方法を学ぶ．

$y_1(x), y_2(x)$ を未知関数とする次の連立 1 階微分方程式について，その解き方を考えよう：

$$\begin{cases} y_1'(x) = y_1(x) + y_2(x) + e^x \\ y_2'(x) = y_1(x) - y_2(x). \end{cases} \tag{2.5.1}$$

未知関数をすべて左辺に移項し，$y_1'(x) = \dfrac{d}{dx}y_1(x)$, $y_2'(x) = \dfrac{d}{dx}y_2(x)$ と表すと，

$$\begin{cases} \dfrac{d}{dx}y_1(x) - y_1(x) - y_2(x) = e^x \\ \dfrac{d}{dx}y_2(x) - y_1(x) + y_2(x) = 0 \end{cases} \tag{2.5.2}$$

となる．$\dfrac{d}{dx}$ は，関数を x で微分する操作を表しているので，1 をかけることを関数に何もしない操作であるとみなすと，操作 (**作用素**) の記号 $\dfrac{d}{dx} + 1$ は関数に微分と何もしない操作をそれぞれ 1 回施して，たし合わせることを意味する．この表記を用いると，連立微分方程式 (2.5.2) は次のように書かれる：

$$\begin{cases} \left(\dfrac{d}{dx} - 1\right) y_1(x) - y_2(x) = e^x \\ -y_1(x) + \left(\dfrac{d}{dx} + 1\right) y_2(x) = 0. \end{cases} \tag{2.5.3}$$

この (2.5.3) において，作用素 $\dfrac{d}{dx} - 1$ が形式的に y_1 にかけられている係数のようにみなして (作用素 $\dfrac{d}{dx} + 1$ は形式的に y_2 にかけられている係数のようにみなす)，y_1 か y_2 のいずれか一方を消去し，未知関数が 1 つだけ含まれるの微分方程式に変形してそれを解き，解を求める．じつは，微分 $\dfrac{d}{dx}$ は**線形**の操作**作用素**であるから，このような式変形が**正当化**されるのである．以後，本節では，多くの微分方程式の教科書で用いられている**微分演算子**の記号を用いるこ

2.5 消去法による定数係数連立1階線形常微分方程式の解法

とにする:

$$\frac{d}{dx} \text{ を } D \text{ で表す.}$$

連立微分方程式 (2.5.3) を次のように書く:

$$\begin{cases} (D-1)\,y_1(x) - y_2(x) = e^x & \cdots ① \\ -y_1(x) + (D+1)\,y_2(x) = 0. & \cdots ② \end{cases} \quad (2.5.4)$$

以下に, この連立微分方程式 (2.5.4) の解法を示す.

―― 消去法による連立微分方程式の解法 ――

例題 2.9 消去法により連立微分方程式 (2.5.4) を解け.

【解】 まず, 連立微分方程式 (2.5.4) から y_2 を消去する. そのために, (2.5.4) の①式

$$(D-1)\,y_1(x) - y_2(x) = e^x \tag{2.5.5}$$

の両辺に $(D+1)$ を作用させる:

$$(D+1)(D-1)\,y_1(x) - (D+1)\,y_2(x) = (D+1)\,e^x.$$

このとき,

$$(D+1)(D-1) = D^2 - 1$$

であり,

$$(D+1)\,e^x = (e^x)' + e^x = 2e^x$$

であるから, 式 (2.5.5) は次のように変形されたことになる:

$$(D^2 - 1)y_1 - (D+1)y_2 = 2e^x. \tag{2.5.6}$$

一方, 連立微分方程式 (2.5.4) の②式は,

$$-y_1(x) + (D+1)\,y_2(x) = 0 \tag{2.5.7}$$

であるから, 式 (2.5.6) と式 (2.5.7) をたし合わせることにより, 次が得られる:

$$(D^2 - 1)y_1 - y_1 = 2e^x, \quad \text{すなわち} \quad y_1'' - 2y_1 = 2e^x. \tag{2.5.8}$$

この (2.5.8) に付随する同次方程式は $y_1'' - 2y_1 = 0$ であり，その特性方程式は，
$$\lambda^2 - 2 = 0$$
であるから，定理 2.2.2 (例題 2.1 参照) により，付随する同次方程式の一般解は，c_1, c_2 を任意定数として，
$$y_0(x) = c_1 e^{\sqrt{2}x} + c_2 e^{-\sqrt{2}x} \tag{2.5.9}$$
で与えられる．また，例題 2.5 と同様の考察により，容易に (2.5.8) の特解
$$y_p(x) = -2e^x \tag{2.5.10}$$
が求まる．よって，(2.5.9), (2.5.10) により，
$$y_1(x) = y_0(x) + y_p(x) = c_1 e^{\sqrt{2}x} + c_2 e^{-\sqrt{2}x} - 2e^x \tag{2.5.11}$$
が得られ，これと，式 (2.5.5) により，次が得られる：
$$\begin{aligned}
y_2(x) &= (D-1)y_1(x) - e^x \\
&= (c_1 e^{\sqrt{2}x} + c_2 e^{-\sqrt{2}x} - 2e^x)' - (c_1 e^{\sqrt{2}x} + c_2 e^{-\sqrt{2}x} - 2e^x) - e^x \\
&= c_1(\sqrt{2} - 1)e^{\sqrt{2}x} - c_2(\sqrt{2} + 1)e^{-\sqrt{2}x} - e^x.
\end{aligned} \tag{2.5.12}$$

以上をまとめて，(2.5.11), (2.5.12) により連立微分方程式 (2.5.1) (つまり (2.5.4)) の一般解は c_1, c_2 を任意定数として次で与えられる：
$$\begin{cases} y_1(x) = c_1 e^{\sqrt{2}x} + c_2 e^{-\sqrt{2}x} - 2e^x \\ y_2(x) = c_1(\sqrt{2} - 1)e^{\sqrt{2}x} - c_2(\sqrt{2} + 1)e^{-\sqrt{2}x} - e^x. \end{cases}$$
□

● **練習問題 2.9** 次の連立微分方程式一般解を求めよ．

(1) $\begin{cases} y_1'(x) = 2y_1(x) \\ y_2'(x) = y_1(x) + y_2(x) \end{cases}$

(2) $\begin{cases} y_1'(x) = y_1(x) + y_2(x) + e^x \\ y_2'(x) = 3y_1(x) - y_2(x) \end{cases}$

2.6 行列表記による定数係数連立線形常微分方程式の解法 ──

定数係数連立1階線形常微分方程式に対しては，線形性という**数学的構造**を最大限に活かした行列による解法が有効である．特に，方程式の**係数行列** (以下で説明する) が対角化可能 (行列の対角化は線形代数の基本事項であるが，これについては後ほど簡単に復習する) である場合は，以下に述べる方法で簡単に解が求まる．

前節と同じ方程式の考察からはじめよう：

$$\begin{cases} y_1'(x) = y_1(x) + y_2(x) + e^x \\ y_2'(x) = y_1(x) - y_2(x). \end{cases} \quad (2.6.1)$$

この方程式をベクトルと行列を用いて表すと，

$$\begin{pmatrix} y_1'(x) \\ y_2'(x) \end{pmatrix} = \begin{pmatrix} 1 & 1 \\ 1 & -1 \end{pmatrix} \begin{pmatrix} y_1(x) \\ y_2(x) \end{pmatrix} + \begin{pmatrix} e^x \\ 0 \end{pmatrix}. \quad (2.6.2)$$

この (2.6.2) の右辺に現れる行列 $\begin{pmatrix} 1 & 1 \\ 1 & -1 \end{pmatrix}$ を連立線形微分方程式 (2.6.1) の**係数行列**という．

さて，

$$A = \begin{pmatrix} 1 & 1 \\ 1 & -1 \end{pmatrix} \quad (2.6.3)$$

とおこう．この記号を用いると，式 (2.6.2) は，次のように書ける：

$$\begin{pmatrix} y_1'(x) \\ y_2'(x) \end{pmatrix} = A \begin{pmatrix} y_1(x) \\ y_2(x) \end{pmatrix} + \begin{pmatrix} e^x \\ 0 \end{pmatrix}. \quad (2.6.4)$$

A は，次の正則行列 (逆行列をもつ行列のこと)

$$P = \begin{pmatrix} 1 & 1 \\ \sqrt{2}-1 & -\sqrt{2}-1 \end{pmatrix} \quad (2.6.5)$$

とその逆行列 (逆行列の求め方については後ほど復習する)

$$P^{-1} = \frac{-1}{2\sqrt{2}} \begin{pmatrix} -\sqrt{2}-1 & -1 \\ -\sqrt{2}+1 & 1 \end{pmatrix} \quad (2.6.6)$$

を用いて，次の操作により対角行列 (対角線成分以外の成分が 0 である行列)

$$P^{-1}AP = \begin{pmatrix} \sqrt{2} & 0 \\ 0 & -\sqrt{2} \end{pmatrix} \qquad (2.6.7)$$

に変形できる．(2.6.7) の左から P をかけ，右から P^{-1} をかけると，次が得られる：

$$A = P\begin{pmatrix} \sqrt{2} & 0 \\ 0 & -\sqrt{2} \end{pmatrix}P^{-1}. \qquad (2.6.8)$$

(2.6.8) を式 (2.6.4) に代入すると，

$$\begin{pmatrix} y_1'(x) \\ y_2'(x) \end{pmatrix} = P\begin{pmatrix} \sqrt{2} & 0 \\ 0 & -\sqrt{2} \end{pmatrix}P^{-1}\begin{pmatrix} y_1(x) \\ y_2(x) \end{pmatrix} + \begin{pmatrix} e^x \\ 0 \end{pmatrix} \qquad (2.6.9)$$

となり，もとの方程式 (2.6.1) は，この式 (2.6.9) のように表される．

次に，未知関数 y_1, y_2 を別の未知関数 z_1, z_2 に**変換**し，その未知関数に対して，(2.6.9) を容易に解ける簡単な形の方程式に変形し，それを解く．得られた z_1, z_2 をもとの y_1, y_2 に戻すことができれば，容易に解ける**簡単な形の方程式の解**から，変換により**難しい方程式の解**が得られることになる．具体的には，次のように操作を進める．

式 (2.6.9) の両辺に左から P^{-1} をかけると，

$$P^{-1}\begin{pmatrix} y_1' \\ y_2' \end{pmatrix} = \begin{pmatrix} \sqrt{2} & 0 \\ 0 & -\sqrt{2} \end{pmatrix}P^{-1}\begin{pmatrix} y_1 \\ y_2 \end{pmatrix} + P^{-1}\begin{pmatrix} e^x \\ 0 \end{pmatrix} \qquad (2.6.10)$$

が得られる．ここで，

$$\begin{pmatrix} z_1 \\ z_2 \end{pmatrix} \equiv P^{-1}\begin{pmatrix} y_1 \\ y_2 \end{pmatrix} \qquad (2.6.11)$$

とおくと，y_1, y_2 の微分と z_1, z_2 の微分についても

$$\begin{pmatrix} z_1' \\ z_2' \end{pmatrix} = P^{-1}\begin{pmatrix} y_1' \\ y_2' \end{pmatrix} \qquad (2.6.12)$$

が成り立つ．

2.6 行列表記による定数係数連立線形常微分方程式の解法

また，

$$P^{-1}\begin{pmatrix} e^x \\ 0 \end{pmatrix} = \frac{-1}{2\sqrt{2}}\begin{pmatrix} -\sqrt{2}-1 & -1 \\ -\sqrt{2}+1 & 1 \end{pmatrix}\begin{pmatrix} e^x \\ 0 \end{pmatrix} = \begin{pmatrix} \frac{\sqrt{2}+1}{2\sqrt{2}}e^x \\ \frac{\sqrt{2}-1}{2\sqrt{2}}e^x \end{pmatrix} \quad (2.6.13)$$

であるから，(2.6.11) による y_1, y_2 から z_1, z_2 への**変換**により，(2.6.12), (2.6.13) を用いて，式 (2.6.10) は次のように表される：

$$\begin{pmatrix} z_1' \\ z_2' \end{pmatrix} = \begin{pmatrix} \sqrt{2} & 0 \\ 0 & -\sqrt{2} \end{pmatrix}\begin{pmatrix} z_1 \\ z_2 \end{pmatrix} + \begin{pmatrix} \frac{\sqrt{2}+1}{2\sqrt{2}}e^x \\ \frac{\sqrt{2}-1}{2\sqrt{2}}e^x \end{pmatrix}. \quad (2.6.14)$$

(2.6.14) を通常の連立微分方程式の形に書き表すと，

$$\begin{cases} z_1'(x) = \sqrt{2}z_1(x) + \frac{\sqrt{2}+1}{2\sqrt{2}}e^x \\ z_2'(x) = -\sqrt{2}z_2(x) + \frac{\sqrt{2}-1}{2\sqrt{2}}e^x \end{cases} \quad (2.6.15)$$

となり，z_1 と z_2 は，それぞれ独立な 1 階線形微分方程式の解である．これらの方程式は **1 章で学んだ** (1.4.1) であり，**容易に**解くことができる．z_1 と z_2 の一般解は次のとおりである：

$$\begin{cases} z_1(x) = c_1 e^{\sqrt{2}x} + \frac{\sqrt{2}+1}{(2\sqrt{2})(1-\sqrt{2})}e^x \\ z_2(x) = c_2 e^{-\sqrt{2}x} + \frac{\sqrt{2}-1}{(2\sqrt{2})(1+\sqrt{2})}e^x. \end{cases} \quad (2.6.16)$$

よって (2.6.16) に対し，(2.6.11) の**逆の変換**を行うことにより，もとの方程式 (2.6.2) (したがって (2.6.1)) の一般解 $y_1(x), y_2(x)$ は，c_1, c_2 を任意定数として次のように求まる：

$$\begin{pmatrix} y_1 \\ y_2 \end{pmatrix} = P\begin{pmatrix} z_1 \\ z_2 \end{pmatrix}$$

$$= \begin{pmatrix} 1 & 1 \\ \sqrt{2}-1 & -\sqrt{2}-1 \end{pmatrix}\begin{pmatrix} c_1 e^{\sqrt{2}x} + \frac{\sqrt{2}+1}{(2\sqrt{2})(1-\sqrt{2})}e^x \\ c_2 e^{-\sqrt{2}x} + \frac{\sqrt{2}-1}{(2\sqrt{2})(1+\sqrt{2})}e^x \end{pmatrix}$$

$$= \begin{pmatrix} c_1 e^{\sqrt{2}x} + c_2 e^{-\sqrt{2}x} - 2e^x \\ c_1(\sqrt{2}-1)e^{\sqrt{2}x} - c_2(\sqrt{2}+1)e^{-\sqrt{2}x} - e^x \end{pmatrix}. \quad (2.6.17)$$

以上が，連立線形常微分方程式 (2.6.1) の行列表記による解法である．

行列表記による解法を整理してマニュアル化する前に，変換 (2.6.11) により解が得られることについての注意を述べておこう．

注意 (行列表記による解法における**変換**の数学的意味)

変換 (2.6.11)，すなわち，$\begin{pmatrix} z_1 \\ z_2 \end{pmatrix} \equiv P^{-1} \begin{pmatrix} y_1 \\ y_2 \end{pmatrix}$ において，P^{-1} は (2.6.6) で与えられているから，これをを具体的に書き表すと次のようになる：
$$\begin{cases} z_1(x) = \frac{\sqrt{2}+1}{2\sqrt{2}} y_1(x) + \frac{1}{2\sqrt{2}} y_2(x) \\ z_2(x) = \frac{\sqrt{2}-1}{2\sqrt{2}} y_1(x) - \frac{1}{2\sqrt{2}} y_2(x). \end{cases}$$

したがって，(2.6.11) は**関数の空間**[2]において，もとの関数 y_1, y_2 の線形結合 (係数をかけて，たし合わせること) を用いて，別の関数 z_1, z_2 をつくる操作であることがわかる (これまでからよく知っている**変数の変換**ではないことに特に注意しよう)．その結果，新しい関数 z_1, z_2 に対しては，複雑な係数行列をもつもとの方程式 (2.6.2) は，より簡単な方程式 (2.6.14) (係数行列が対角行列) に形を変えた．ここで，関数の空間が，ベクトルの空間 (線形空間) の性質 (構造) をもっていることが有効に利用されている．したがって，行列表記による解法は単に問題を解くための道具である以上に，数学的に重要な意味をもつ．

さて，実際に問題を解く際には，上の詳細な考察は繰り返さずに，以下に述べる**要点**にそって計算を実行すればよい．本節で用いた 2 行 2 列の行列の対角化，逆行列についての**まとめ**は次の例題 2.10 の後で与える．本節に関連する一般次元の線形代数の基本事項の**復習**は付録 A.1 節で簡潔に行う．

[2) 集合において，その要素間に和などの演算や，近さ遠さの関係が与えられている場合，数学ではそれを単に集合とはよばず，**空間**という．

2.6 行列表記による定数係数連立線形常微分方程式の解法

―― 行列表記による解法の**要点** ――

例題 2.10 連立線形常微分方程式 (2.6.1) を解け．

【解】 まず，連立微分方程式 (2.6.1) を行列を用いて表す：

$$\begin{pmatrix} y_1'(x) \\ y_2'(x) \end{pmatrix} = \begin{pmatrix} 1 & 1 \\ 1 & -1 \end{pmatrix} \begin{pmatrix} y_1(x) \\ y_2(x) \end{pmatrix} + \begin{pmatrix} e^x \\ 0 \end{pmatrix}. \quad (2.6.2)$$

上の方程式 (2.6.2) の係数行列を $A = \begin{pmatrix} 1 & 1 \\ 1 & -1 \end{pmatrix}$ とおく．A を対角行列に変形するための正則行列 P を求め，続いて，P とその逆行列 P^{-1} により A を対角化する：

$$P = \begin{pmatrix} 1 & 1 \\ \sqrt{2}-1 & -\sqrt{2}-1 \end{pmatrix}, \quad P^{-1} = \frac{-1}{2\sqrt{2}} \begin{pmatrix} -\sqrt{2}-1 & -1 \\ -\sqrt{2}+1 & 1 \end{pmatrix},$$

$$P^{-1}AP = \begin{pmatrix} \sqrt{2} & 0 \\ 0 & -\sqrt{2} \end{pmatrix}.$$

P^{-1} を用いて未知関数 y_1, y_2 を別の未知関数 z_1, z_2 に**変換**する：

$$\begin{pmatrix} z_1(x) \\ z_2(x) \end{pmatrix} \equiv P^{-1} \begin{pmatrix} y_1(x) \\ y_2(x) \end{pmatrix}. \quad (2.6.11)$$

z_1, z_2 に対しては，(2.6.2) は次の方程式となる：

$$\begin{pmatrix} z_1'(x) \\ z_2'(x) \end{pmatrix} = \begin{pmatrix} \sqrt{2} & 0 \\ 0 & -\sqrt{2} \end{pmatrix} \begin{pmatrix} z_1(x) \\ z_2(x) \end{pmatrix} + P^{-1} \begin{pmatrix} e^x \\ 0 \end{pmatrix}.$$

この行列表記の方程式を通常の連立微分方程式の形に書き表すと，

$$\begin{cases} z_1'(x) = \sqrt{2} z_1(x) + \frac{\sqrt{2}+1}{2\sqrt{2}} e^x \\ z_2'(x) = -\sqrt{2} z_2(x) + \frac{\sqrt{2}-1}{2\sqrt{2}} e^x \end{cases}$$

となり，z_1 と z_2 は次のように求まる：

$$\begin{cases} z_1(x) = c_1 e^{\sqrt{2}x} + \frac{\sqrt{2}+1}{(2\sqrt{2})(1-\sqrt{2})} e^x \\ z_2(x) = c_2 e^{-\sqrt{2}x} + \frac{\sqrt{2}-1}{(2\sqrt{2})(1+\sqrt{2})} e^x. \end{cases}$$

(2.6.11) と逆の変換を行って, z_1, z_2 を y_1, y_2 に戻すことにより, 方程式 (2.6.2)(したがって, (2.6.1)) の一般解が求まる (c_1, c_2 は任意定数):

$$\begin{pmatrix} y_1 \\ y_2 \end{pmatrix} = P \begin{pmatrix} z_1 \\ z_2 \end{pmatrix}$$

$$= \begin{pmatrix} c_1 e^{\sqrt{2}x} + c_2 e^{-\sqrt{2}x} - 2e^x \\ c_1(\sqrt{2}-1)e^{\sqrt{2}x} - c_2(\sqrt{2}+1)e^{-\sqrt{2}x} - e^x \end{pmatrix}.$$
□

― 一般の 1 階線形定数係数連立常微分方程式の解法 ―

一般に, n を自然数とし, $y_1(x), y_2(x), \ldots, y_n(x)$ が未知関数である 1 階線形定数係数連立常微分方程式についても, 上掲 "連立線形常微分方程式 (2.6.1) の行列表記による解法の**要点**" における 2 次元 (2 行 2 列の行列, 2 次元ベクトルなど) の記述をすべて, n 次元の記述に置き換え, 同じ操作を実行することにより, 解を求めることができる. ただし, その場合は, **付録 A.1 節で復習**する n 次正方行列の対角化に関する事項を用いる. なお, n 次正方行列の逆行列は, 掃き出し法やクラメールの公式などを用いて求めればよい.

例題 2.10 の設定では, 係数行列 A は, 2 次正方行列であった. 以下に, 2 次正方行列における対角化, 逆行列関する計算方法をまとめておく (以下では, 付録 A.1.1 項で与える線形代数の基本事項の復習における式番号を引用する. 付録を参照のこと):

2.6 行列表記による定数係数連立線形常微分方程式の解法

まとめ (2次正方行列を対角化する正則行列 P の求め方)

$A = \begin{pmatrix} a & b \\ c & d \end{pmatrix}$ とする.

$$\varphi_A(\lambda) = \begin{vmatrix} \lambda - a & -b \\ -c & \lambda - d \end{vmatrix}$$
$$= (\lambda - a)(\lambda - d) - bc = \lambda^2 - (a+d)\lambda + (ad - bc)$$

であるから, (A.1.3) は次の (λ を未知数とする) 2次方程式である:

$$\lambda^2 - (a+d)\lambda + (ad - bc) = 0.$$

これを解いて, 固有値 α_1, α_2 が求まる. 固有ベクトル $\boldsymbol{v}_1 = \begin{pmatrix} v_{11} \\ v_{21} \end{pmatrix}$, $\boldsymbol{v}_2 = \begin{pmatrix} v_{12} \\ v_{22} \end{pmatrix}$ は, (A.1.4) により次を満たすベクトルとして求まる:

$$\begin{pmatrix} \alpha_1 - a & -b \\ -c & \alpha_1 - d \end{pmatrix} \begin{pmatrix} v_{11} \\ v_{21} \end{pmatrix} = \begin{pmatrix} 0 \\ 0 \end{pmatrix},$$

$$\begin{pmatrix} \alpha_2 - a & -b \\ -c & \alpha_2 - d \end{pmatrix} \begin{pmatrix} v_{12} \\ v_{22} \end{pmatrix} = \begin{pmatrix} 0 \\ 0 \end{pmatrix}.$$

これを用いて, $\boldsymbol{v}_1 = \begin{pmatrix} v_{11} \\ v_{21} \end{pmatrix}$, $\boldsymbol{v}_2 = \begin{pmatrix} v_{12} \\ v_{22} \end{pmatrix}$ を具体的に求める. $\boldsymbol{v}_1, \boldsymbol{v}_2$ が 1次独立である場合, P を (A.1.5) により

$$P = \begin{pmatrix} v_{11} & v_{12} \\ v_{21} & v_{22} \end{pmatrix} \tag{2.6.18}$$

と定めれば, (A.1.6) により

$$P^{-1}AP = \begin{pmatrix} \alpha_1 & 0 \\ 0 & \alpha_2 \end{pmatrix} \tag{2.6.19}$$

とできる. なお, P の逆行列 P^{-1} は,

$$P^{-1} = \frac{1}{v_{11}v_{22} - v_{12}v_{21}} \begin{pmatrix} v_{22} & -v_{12} \\ -v_{21} & v_{11} \end{pmatrix} \tag{2.6.20}$$

である.

2.7 章末問題

1. 次の同次微分方程式の一般解を求めよ．
(1) $y'' - 4y = 0$
(2) $y'' - 2y' + 4y = 0$
(3) $y'' + 4y = 0$
(4) $y'' + 4y' + 4y = 0$
(5) $y'' + 9y' + 20y = 0$

2. 次の非同次微分方程式の一般解を求めた後，括弧内に与えた初期条件を満たす解を求めよ．
(1) $y'' - y' - 2y = e^{2x}$　$(y(0) = 0, y'(0) = 0)$
(2) $y'' + 4y = \sin 3x$　$(y(0) = 1, y'(0) = 0)$
(3) $y'' - 4y' + 5y = \sin 3x$　$(y(0) = \frac{3}{40}, y'(0) = 0)$
(4) $y'' + y' - 6y = -6x^3 + 3x^2 + 6x$　$(y(0) = 0, y'(0) = 1)$
(5) $y'' - 2y' + y = x^2$　$(y(0) = 0, y'(0) = 0)$
(6) $y'' + 10y' + 25y = e^{-5x}$　$(y(0) = 0, y'(0) = 0)$

3. 各問の指示に従って，以下の方程式の一般解をダランベールの階数低下法 (例題 2.7) を用いて求めよ．
(1) 方程式
$$x^2 y'' - 2xy' + 2y = 0$$
に対し，$y_1(x) = x$ が 1 つの解であることを確認し，これを利用して，この微分方程式の一般解を求めよ．
(2) 方程式
$$(1+x^2)y'' - 2xy' + 2y = 0$$
に対し，$y_1(x) = x$ が 1 つの解であることを確認し，これを利用して，この微分方程式の一般解を求めよ．
(3) 方程式
$$(\cos x)y'' + (\sin x)y' + \left(\frac{1}{\cos x}\right)y = 0$$
に対し，$y_1(x) = \cos x$ が 1 つの解であることを確認し，これを利用して，この微分方程式の一般解を求めよ．
(4) 方程式
$$x^2 y'' - xy' + y = 1$$
を解きたい．この方程式に付随する同次方程式 $x^2 y'' - xy' + y = 0$ の 1 つの解が $y_1(x) = x$ であることを確認し，これを利用して，この微分方程式の一般解を求めよ．
(5) 方程式
$$x^2 y'' - xy' + y = x^2$$

2.7 章末問題

を解きたい．この方程式に付随する同次方程式 $x^2y'' - xy' + y = 0$ の 1 つの解が $y_1(x) = x$ であることを確認し，これを利用して，この微分方程式の一般解を求めよ．

4. 各問の指示に従って，以下の方程式の一般解を定数変化法 (ロンスキャンによる解の表記 (例題 2.8 参照)) を用いて求めよ．
(1) 方程式
$$y'' - 2y' + 2y = e^x(\cos x + \sin x)$$
を解きたい．この微分方程式に付随する同次方程式 $y'' - 2y' + 2y = 0$ の一般解を 2.2 節の方法で求め，これを利用して，与えられた微分方程式の一般解を求めよ．
(2) 方程式
$$y'' + y' = \frac{1}{1+e^x}$$
を解きたい．この微分方程式に付随する同次方程式 $y'' + y' = 0$ の一般解を 2.2 節の方法で求め，これを利用して，与えられた微分方程式の一般解を求めよ．
(3) 方程式
$$2(x+1)y'' - (2x+4)y' + 2y = 2$$
を解きたい．この微分方程式に付随する同次方程式 $2(x+1)y'' - (2x+4)y' + 2y = 0$ に対し，$y_1(x) = e^x$, $y_2(x) = x+2$ が 1 組の 1 次独立な解となっていることを確認し，これを利用して，与えられた微分方程式の一般解を求めよ．
(4) 方程式
$$x^4 y'' + 2x^3 y' + y = \frac{1}{x^2}$$
を解きたい．この微分方程式に付随する同次方程式 $x^4 y'' + 2x^3 y' + y = 0$ に対し，$y_1(x) = \sin\frac{1}{x}$, $y_2(x) = \cos\frac{1}{x}$ が 1 組の 1 次独立な解となっていることを確認し，これを利用して，与えられた微分方程式の一般解を求めよ．

5. 次の連立微分方程式の一般解を求めよ (例題 2.9, 2.10 参照)．

(1) $\begin{cases} y_1'(x) = y_1(x) + y_2(x) \\ y_2'(x) = 4y_1(x) + y_2(x) \end{cases}$

(2) $\begin{cases} y_1'(x) = -y_1(x) + 4y_2(x) \\ y_2'(x) = 3y_1(x) - 2y_2(x) \end{cases}$

(3) $\begin{cases} y_1'(x) = 4y_1(x) - 9y_2(x) + 5y_3(x) \\ y_2'(x) = y_1(x) - 10y_2(x) + 7y_3(x) \\ y_3'(x) = y_1(x) - 17y_2(x) + 12y_3(x) \end{cases}$

(4) $\begin{cases} y_1'(x) = -2y_1(x) - 5y_2(x) + e^{2x} \\ y_2'(x) = -4y_1(x) - 3y_2(x) + e^x \end{cases}$

＊　＊　＊　＊　＊

《発展》　本章を締めくくるにあたり，本書の範囲を超える事項について，いくつかのコメントしておこう．

本書では，微分方程式の解は，常に，方程式に現れる微分の階数と同じ (あるいは，それ以上の) 微分可能性をもつ関数として考察されているが，解の範囲をより広い関数の空間 (超関数) に拡げることにより，はるかに広範な方程式の考察が可能となる．超関数理論が (偏) 微分方程式論を本質的に大きく前進させたことは強調しなければならない．これに関連するいくつかの事柄は，第 1 章，第 4 章で示唆されている．興味をもたれる読者は，将来，たとえば，[10] 等にあたられることをお勧めする．

2.5 節において，少しばかり線形微分作用素に関連する記述がある．これについては，第 4 章のラプラス変換と関連づけて考察されることをお勧めする．なお，微分作用素の一般化として，擬微分作用素があり，この数学的道具を用いることにより，微分方程式の一般論が大きく進歩したことも強調したい．この事項に将来興味をもたれる読者には，[3] にあたられることをお勧めする．

2.8 節における解の存在と一意性に関する定理は，リプシッツ条件のもとで主張されている．リプシッツ条件は，通常の微分方程式にとどまらず，確率微分方程式の解の存在と一意性に関する定理においても基本的な条件となる．興味をもたれる読者には [11] をお勧めする．なお，確率 (偏) 微分方程式等を扱う解析学を「確率解析」という．確率解析における超関数の理論は飛田武幸により構築されており，今後の発展がきわめて強く望まれる分野であることを付け加えておく．関連する図書としては [8] などがある．

3
べき級数による常微分方程式の解法と解の表示

本章では，べき級数を用いた微分方程式の解法を学ぶ．べき級数とは，下記の式 (3.1.1) の形をもつ x を変数とする多項式 (無限個の項をもつ) のことである．本章で学ぶ事項は，微分方程式の解を式 (3.1.1) の形で与える方法である．微分積分学で学んだテイラーの定理 (マクローリンの定理) を思い出してみよう．それによれば，関数 e^x は，$1 + \frac{1}{1!}x + \frac{1}{2!}x^2 + \frac{1}{3!}x^3 + \cdots$ と表現できるとされる ((3.1.4) 参照)．これは，ひとつのべき級数である．同じ関数が 2 種類の表現をもつこの事実を理解していれば，もし，ある微分方程式の解が e^x であったとき，それを $1 + \frac{1}{1!}x + \frac{1}{2!}x^2 + \frac{1}{3!}x^3 + \cdots$ と表記してもよいことがわかる．はじめから解をべき級数で表すことを目的とした微分方程式の解法の解説が本章の主題である．

3.1 べき級数の性質と基本定理

$\{c_n\}_{n=0,1,\ldots}$ を与えられた数列とする．x を変数とする**べき級数** (**整級数**ともよばれる) とは，次の形の無限級数のことである：

$$\sum_{n=0}^{\infty} c_n x^n = c_0 + c_1 x + c_2 x^2 + \cdots. \tag{3.1.1}$$

ここでいう無限級数とは，部分和の極限として次で定義される：

$$\sum_{n=0}^{\infty} c_n x^n \equiv \lim_{N \to \infty} \sum_{n=0}^{N} c_n x^n. \tag{3.1.2}$$

本節では，上記の部分和が，考えている x に対して**絶対収束**している場合のみを扱うこととする．すなわち，本節で考察する**べき級数**は次の条件を満たす形のものに限る (定理 3.1.1 参照)：

$$\lim_{N \to \infty} \sum_{n=0}^{N} |c_n x^n| < \infty. \tag{3.1.3}$$

微分積分学のテイラーの定理をとおして，べき級数については，すでに知っている．たとえば，指数関数 e^x を $x = 0$ のまわりでテイラー展開 (マクローリン展開) することにより，次の等式が得られる：

$$e^x = 1 + \frac{1}{1!}x + \frac{2}{2!}x^2 + \frac{1}{3!}x^3 + \cdots$$
$$= \sum_{n=0}^{\infty} \frac{1}{n!} x^n. \tag{3.1.4}$$

本節では，微分方程式に現れる係数の関数と未知関数 (解) をすべてべき級数で表記し，方程式が (恒等的に) 成り立つように，解を表すべき級数の係数 $\{c_n\}_{n=0,1,\ldots}$ を定める方法を学ぶ．この手法 (べき級数による常微分方程式の解法) によって求まる解は，べき級数による表示をもつ[1]ことになる．べき級数による解の表示は，前章までの求積法により求められる解とは著しく形態を異にし，はじめはこれらを奇異に感じる読者が多いと想像するが，べき級数により (初等関数では表せない) 新しい関数が定義されていると考えれば，むしろ，この表記は自然なものといえる (3.2 節参照).

簡単な例からはじめよう．微分方程式

$$y'(x) - y(x) = 0 \tag{3.1.5}$$

をべき級数を用いて解いてみよう．未知関数 (解) が

$$y(x) = \sum_{n=0}^{\infty} c_n x^n$$
$$= c_0 + c_1 x + c_2 x^2 + c_3 x^3 + \cdots \tag{3.1.6}$$

と表されると仮定する．実際に，この仮定が正しくなるように，係数 $\{c_n\}_{n=0,1,\ldots}$ を定めてみよう．(3.1.6) を方程式 (3.1.5) の左辺に代入し，それが恒等的に 0

---

[1] 特別な問題においては，解は e^x などよく知られた (初等) 関数で表示できる．

3.1 べき級数の性質と基本定理

となるように $\{c_n\}_{n=0,1,\ldots}$ を定める.

$$y'(x) = \sum_{n=1}^{\infty} nc_n x^{n-1}$$
$$= c_1 + 2c_2 x + 3c_3 x^2 + \cdots \tag{3.1.7}$$

であるから, 式 (3.1.5) の左辺は,

$$y'(x) - y(x) = (c_1 + 2c_2 x + 3c_3 x^2 + \cdots) - (c_0 + c_1 x + c_2 x^2 + c_3 x^3 + \cdots).$$
$$\tag{3.1.8}$$

この式を同じ次数の x について整理し, それを恒等的に 0 に等しいとおくと,

$$(c_1 - c_0) + (2c_2 - c_1)x + (3c_3 - c_2)x^2 + \cdots = 0. \tag{3.1.9}$$

上式が x についての恒等式であるためには, 次が成り立たなければならない:

$$c_1 - c_0 = 0,\; 2c_2 - c_1 = 0,\; 3c_3 - c_2 = 0,\; \ldots. \tag{3.1.10}$$

この式から $c_1, c_2, c_3, \ldots$ を c_0 で表すと,

$$c_1 = c_0,\; c_2 = \frac{1}{2}c_1 = \frac{1}{2!}c_0,\; c_3 = \frac{1}{3}c_2 = \frac{1}{3!}c_0,\; \ldots. \tag{3.1.11}$$

(3.1.11) を (3.1.6) に代入することにより, 微分方程式 (3.1.5) の解が次のようにして得られる ((3.1.12) の最後の式を式 (3.1.5) に代入すれば, これが解であることが確認できる[2].):

$$y(x) = c_0 + \frac{c_0}{1!}x + \frac{c_0}{2!}x^2 + \frac{c_0}{3!}x^3 + \cdots$$
$$= c_0 \left(1 + \frac{1}{1!}x + \frac{1}{2!}x^2 + \frac{1}{3!}x^3 + \cdots\right)$$
$$= c_0 e^x. \tag{3.1.12}$$

ここで, 最後の等式には, 等式 (3.1.4) を用いた.

---

[2] 一般の場合のべき級数解の存在と一意性は, 定理 3.1.2 で保証される.

上のアイデアを一般の問題に拡げて適用するために，重要な定理を 2 つ用意する．定理 3.1.1 の証明は，微分積分学で学んだ数列，級数に関する定理と同様に行うことができる[3]．

―― べき級数の一般性質 ――

定理 3.1.1 べき級数 $\sum_{n=0}^{\infty} c_n x^n$ に対し，ある数 $R \geqq 0$ (このべき級数の**収束半径**という) が存在し，次が成り立つ：

i) このべき級数は $|x| < R$ を満たす x において，絶対収束 ((3.1.3) 参照) する．

ii) このべき級数は $|x| > R$ を満たす x において，収束しない．

iii) $R > 0$ であるとき，r を $0 < r < R$ をとれば，$|x| \leqq r$ において，べき級数は**一様収束**する[4]．

iv) iii) で一様収束した極限を関数 $f(x)$ ($|x| < R$) とおくと，$f(x)$ は何度でも微分可能 (C^∞ **級関数**という) であり，次を満たす：

$$f'(x) = \sum_{n=1}^{\infty} n c_n x^{n-1}. \tag{3.1.13}$$

2 つのべき級数について，その収束半径をそれぞれ R_1, R_2 とし，R_1, R_2 の小さいほうを R とおくと，$|x| < R$ を満たす x において，2 つのべき級数の積が定義でき，この積を表す級数における項の順序の変更は，自由に行うことが許される．

---

3) 定理 3.1.2 の証明は，たとえば，[7] の C.1 章を参照されたい．
4) すなわち，どの x においても，級数 (3.1.2) の収束の速さが同じ程度であること．

3.1 べき級数の性質と基本定理

―― べき級数で表される解の存在と一意性 ――

定理 3.1.2 $F(x,y)$ をある与えられた関数とし，$x = x_0, y = y_0$ をある 2 点とする．点 x が x_0 を中心とするある (小さな) 半径の円の内部に含まれ，点 y が y_0 を中心とするある (小さな) 半径の円の内部に含まれるとき，$F(x,y)$ が次の形に表されるとする (2 変数のべき級数)：

$$F(x,y) = \sum_{j=0}^{\infty} \sum_{k=0}^{\infty} a_{j,k}(x-x_0)^j (y-y_0)^k. \tag{3.1.14}$$

このとき，微分方程式

$$y'(x) = F(x, y(x)) \tag{3.1.15}$$

に対し，べき級数で表される関数 (収束半径は 0 ではない)

$$y(x) = \sum_{n=0}^{\infty} c_n x^n \tag{3.1.16}$$

が存在し，式 (3.1.15) と初期条件 $y(x_0) = y_0$ を満たす (すなわち，$c_0 = y_0$)．また，この初期条件を満たす式 (3.1.15) の解で，べき級数で表されるものは，ただ一つである．

上記の定理が理解されているとして，以下の論議を進める．

べき級数解 (3.1.16) における係数 $\{c_n\}_{n=0,1,...}$ を定める漸化式を求めよう．(3.1.14) を用いると，式 (3.1.15) は，次のように書ける：

$$y'(x) = \sum_{j=0}^{\infty} \sum_{k=0}^{\infty} a_{j,k}(x-x_0)^j (y(x)-y_0)^k. \tag{3.1.17}$$

この式 (3.1.17) の両辺に

$$y(x) = \sum_{n=0}^{\infty} c_n x^n \tag{3.1.18}$$

と，(3.1.13) により得られる式

$$y'(x) = \sum_{n=1}^{\infty} n c_n x^{n-1} \tag{3.1.19}$$

を代入すると (この際，初期条件 $y(x_0) = y_0$ により $c_0 = y_0$ と定めてあることに注意する)：

$$\sum_{n=0}^{\infty}(n+1)c_{n+1}x^n = \sum_{j=0}^{\infty}\sum_{k=0}^{\infty}a_{j,k}(x-x_0)^j\left\{\sum_{n=1}^{\infty}c_nx^n\right\}^k. \quad (3.1.20)$$

先ほどの方程式 (3.1.5) を解く例において，(3.1.8)〜(3.1.11) で行った考察 (式 (3.1.20) の右辺と左辺で同じ次数の x の式の係数を比較し，それらが等しいとおく) により，次が得られる：

$c_0 = y_0$

$c_1 = a_{0,0}$

$2c_2 = a_{1,0} + a_{0,1}c_1$

$3c_3 = a_{2,0} + a_{1,1}c_1 + a_{0,2}c_1^2 + a_{0,1}c_2$

$4c_4 = a_{3,0} + a_{2,1}c_1^2 + a_{1,2}c_1^2 + a_{0,3}c_1^2 + a_{1,1}c_2 + 2a_{0,2}c_1c_2 + a_{0,1}c_3$

$\qquad \cdots\cdots\cdots\cdots\cdots\cdots\cdots\cdots\cdots$ (3.1.21)

例題 3.1 K を与えられた数とする．次の微分方程式の解をべき級数による解法で求めよ：

$$y'(x) = -2x\,y(x), \qquad y(0) = K. \quad (3.1.22)$$

【解】 はじめに，微分方程式 (3.1.22) は，$F(x,y) = -2xy$ として (3.1.15) の形である．$x_0 = 0$，$y_0 = K$ として，$F(x,y) = -2xy$ を (3.1.14) の形に表すと，

$$F(x,y) = 2Kx - 2x(y - K)$$

であり，定理 3.1.2 の条件が満たされており，式 (3.1.22) はべき級数で表される解をもつ．そこで式 (3.1.22) の両辺に

$$y(x) = \sum_{n=0}^{\infty}c_nx^n, \qquad y'(x) = \sum_{n=1}^{\infty}nc_nx^{n-1} \quad (3.1.23)$$

を代入し，次を得る：

$$\sum_{n=1}^{\infty}nc_nx^{n-1} = \sum_{n=0}^{\infty}(-2c_nx^{n+1}).$$

3.1 べき級数の性質と基本定理

この式を書き下すと，

$$c_1 + 2c_2 x + 3c_3 x^2 + 4c_4 x^3 + 5c_5 x^4 + 6c_6 x^5 + \cdots$$
$$= -2(c_0 x + c_1 x^2 + c_2 x^3 + c_3 x^4 + c_4 x^5 + \cdots)$$

となり，次の関係式が得られる：

$$c_1 = 0, \ 2c_2 = -2c_0, \ 3c_3 = -2c_1 = 0, \ 4c_4 = -2c_2 = 2c_0,$$
$$5c_5 = -2c_3 = -2\left(-\frac{3}{2}c_1\right) = 0,$$
$$6c_6 = -2c_4 = -2\left(-\frac{2}{4}\right)c_2 = -2\left(-\frac{2}{4}\right)(-c_0), \ \ldots.$$

すなわち，

$$c_2 = -c_0, \ \ c_4 = \frac{1}{2!}c_0, \ \ c_6 = -\frac{1}{3!}c_0, \ \ldots. \tag{3.1.24}$$

この (3.1.24) の結果を (3.1.23) に代入することにより，次の解を得る：

$$y(x) = c_0 \left(1 - x^{-2} + \frac{1}{2!}x^{-4} - \frac{1}{3!}x^{-6} + \cdots\right)$$
$$= c_0 e^{-x^2}.$$

よって，初期条件 $y(0) = K$ により，$c_0 = K$ となり，求める解は，

$$y(x) = K e^{-x^2}$$

となる． □

定理 3.1.2 の一般化

定理 3.1.3 定理 3.1.2 において，$F(x,y)$ を多変数関数に置き換え，かつ条件式 (3.1.14) を多変数の設定に書きかえて，定理 A.1.1 と同様の考察を行うことにより，高階の方程式 ($y'' = F(x,y,y')$ など) に対しても，定理 3.1.2 と同様のべき級数解の存在に関する定理を得る．

● **練習問題 3.1** $|x| < 1$ において，次の微分方程式の解をべき級数による解法で求めよ：

$$y'(x) = \frac{1}{1-x} y(x), \qquad y(0) = 1.$$

● **練習問題 3.2**　k を非負の整数とする．微分方程式 (**エルミートの微分方程式**とよばれる)

$$y''(x) - x\,y'(x) + ky(x) = 0 \tag{3.1.25}$$

に定理 3.1.3 を適用して，そのべき級数解を求めよ．ただし，$y(x) = \sum_{n=0}^{\infty} c_n x^n$ とおくとき，定理 3.1.1 により，

$$y'(x) = \sum_{n=1}^{\infty} n c_n x^{n-1}, \quad y''(x) = \sum_{n=2}^{\infty} n(n-1) c_n x^{n-2}$$

が成り立つことを用いよ．

注意 1《発展》　各非負の整数 k に対し (3.1.25) の解は k 次の多項式であり，x^k の係数を 1 としたものは**エルミート多項式**とよばれ，$H_k(x)$ として，次で与えられる：

$$H_k(x) = x^n - \frac{k(k-1)}{2} x^{k-2} + \frac{k(k-1)(k-2)(k-3)}{2^2 2!} x^{k-4} - \cdots. \tag{3.1.26}$$

各 k を与えて具体的に表記すると，

$$H_0(x) = 1, \quad H_1(x) = x, \quad H_2(x) = x^2 - 1, \quad H_3(x) = x^3 - 3x,$$
$$H_4(x) = x^4 - 6x^2 + 3, \quad H_5(x) = x^5 - 10x^3 + 15x$$

などとなる．エルミート多項式で表される関数の集合 $\{e^{-\frac{x^2}{4}} H_k(x)\}_{k=0,1,\ldots}$ は，以下に示す性質により，$\int_{-\infty}^{\infty} |f(x)|^2 dx < \infty$ を満たす関数の空間 (L^2 **空間**とよばれる) において**直交基底** (線形代数学における直交するベクトルの集合に相当するもの) を形成している：

$$\int_{-\infty}^{\infty} e^{-\frac{x^2}{2}} H_n(x) H_m(x)\, dx = \begin{cases} 0 & (n \neq m) \\ n! \sqrt{2\pi} & (m = n). \end{cases} \tag{3.1.27}$$

■

注意 2《発展》　確率論において，平均 0，分散 1 のガウス分布は基本的分布であり，その確率密度関数 $\Phi(x)$ は $\Phi(x) = \frac{1}{\sqrt{2\pi}} e^{-\frac{1}{2}x^2}$ で与えられる．(3.1.27) により，$\int_{-\infty}^{\infty} \Phi(x) \left(\frac{1}{n!} H_n(x)\right)^2 dx = 1$ が成り立つ．この関係により，ガウス型の無限次元確率解析が構築される ([12], [13] 等を参照のこと)．

■

注意 3《発展》　エルミート多項式と同様にある関数の空間において，直交基底を形成する多項式 (の集合) として，**ルジャンドルの多項式**や**チェビシェフの多項式**などが

ある (たとえば [9] を参照のこと). これらはそれぞれ次の微分方程式の解として得られる (n は非負の整数とする):

$$\text{ルジャンドルの微分方程式:} \quad (1-x^2)y'' - 2xy' + n(n+1)y = 0,$$

$$\text{チェビシェフの微分方程式:} \quad (1-x^2)y'' - xy' + n^2 y = 0.$$

これらの方程式は練習問題 3.2 と同様にして,べき級数を利用して解くことができる. ∎

3.2 べき級数に展開できない係数をもつ微分方程式の級数解 ― (フロベニウス法)

本節では,次の (3.2.1) で与えられるベッセルの微分方程式の級数解法について学ぶ:

$$x^2 y''(x) + x y'(x) + (x^2 - \nu^2) y(x) = 0. \qquad (3.2.1)$$

ここで,ν は,ある数である[5]).

微分方程式 (3.2.1) を $y''(x) = F(x, y'(x), y(x))$ の形に書き表すと,

$$y'' = -\frac{1}{x} y' - \frac{x^2 - \nu^2}{x^2} y, \quad \text{あるいは,} \quad y'' + \frac{1}{x} y' + \frac{x^2 - \nu^2}{x^2} y = 0$$
$$(3.2.2)$$

となり,定理 3.1.3 の条件は満たさない.実際,この式 (3.2.2) により,

$$F(x, y', y) = -\frac{1}{x} y' - \frac{x^2 - \nu^2}{x^2} y$$

であるから,この $F(x, y', y)$ は,$x = 0$ において,べき級数の表現はもたない (式 (3.1.14) 参照).

このように,べき級数に展開できない係数をもつ微分方程式に対しては,次の定理を適用して級数解を求めることができる[6]).

---

5) エルミート方程式 (3.1.25) の場合の k に相当するパラメータで,一般には,ν は複素数とされる.

6) 以下,定理の証明とより詳しい定理については,[7] の C.1, C.2 章を参照のこと.定理の応用については,[4] の 4.4 節参照のこと.

―― フロベニウス法 ――

定理 3.2.1 関数 $p(x), q(x)$ は，$x = 0$ においてべき級数による表示

$$p(x) = \sum_{n=0}^{\infty} a_n x^n, \qquad q(x) = \sum_{n=0}^{\infty} b_n x^n \qquad (3.2.3)$$

をもつとする (**解析的**という)．このとき，2 階線形常微分方程式

$$y''(x) + \frac{p(x)}{x} y'(x) + \frac{q(x)}{x^2} y(x) = 0 \qquad (3.2.4)$$

は，次の形の級数解 $y(x)$ を少なくとも一つもつ：

$$y(x) = x^\rho (c_0 + c_1 x + c_2 x^2 + \cdots)$$

$$= x^\rho \sum_{n=0}^{\infty} c_n x^n. \qquad (3.2.5)$$

ここで，ρ はある数 (複素数の場合も含む) である．

ベッセルの微分方程式 (3.2.1) は，(3.2.2) のように変形すると，上記の (3.2.4) の形になり，この場合は，

$$p(x) = 1, \qquad q(x) = x^2 - \nu^2$$

となり，定理 3.2.1 の条件が満たされ，微分方程式 (3.2.1) は，(3.2.5) の形の解をもつことがわかる．

解を求めてみよう．関数

$$y(x) = x^\rho \sum_{n=0}^{\infty} c_n x^n \qquad (3.2.6)$$

が，(3.2.2) (したがって式 (3.2.1)) を満たすように，ρ, c_n ($n = 0, 1, \ldots$) を決めればよい．関数 (3.2.6) を (3.2.2) の 2 番目の式

$$y''(x) + \frac{1}{x} y'(x) + \frac{x^2 - \nu^2}{x^2} y(x) = 0$$

に代入して，x の同じ次数の項をまとめると，次が得られる：

$$c_0 (\rho + \nu)(\rho - \nu) x^{\rho - 2} + c_1 (\rho + 1 + \nu)(\rho + 1 - \nu) x^{\rho - 1}$$

$$+ \sum_{n=2}^{\infty} \{ c_n (\rho + n + \nu)(\rho + n - \nu) + c_{n-2} \} x^{\rho + n - 2} = 0. \qquad (3.2.7)$$

3.2 べき級数に展開できない係数をもつ微分方程式の級数解 (フロベニウス法)

この式は恒等式であるから，次が成り立たなければならない：

$$\begin{cases} c_0(\rho+\nu)(\rho-\nu) = 0 \\ c_1(\rho+1+\nu)(\rho+1-\nu) = 0 \\ c_n(\rho+n+\nu)(\rho+n-\nu) + c_{n-2} = 0 \quad (n=2,3,\ldots). \end{cases} \quad (3.2.8)$$

この (3.2.8) を用いて，

$$c_0 \neq 0 \quad (3.2.9)$$

を満たす解を求めよう．(3.2.8) の 1 行目の式と設定した条件 $c_0 \neq 0$ により，次が成り立たなければならない：

$$(\rho+\nu)(\rho-\nu) = 0.$$

したがって，与えられた ν に対して，未定の ρ は，次を満たす：

$$\rho = \nu \quad \text{または,} \quad -\nu.$$

まず，

$$\rho = \nu \quad (3.2.10)$$

とした解を求めよう．$\rho = \nu$ とすると，(3.2.8) の 2 行目の式は，

$$c_1(\nu+1+\nu)(\nu+1-\nu) = 0$$

となり，したがって，

$$c_1(2\nu+1) = 0 \quad (3.2.11)$$

である．与えられた数 ν が $2\nu \neq$ **整数** (したがって，当然 $2\nu \neq -1$) であれば，(3.2.11) により

$$c_1 = 0 \quad (3.2.12)$$

が成り立つ．また，$\rho = \nu$ により，(3.2.8) の 3 行目の式は，

$$c_n(\nu+n+\nu)(\nu+n-\nu) + c_{n-2} = 0 \quad (n=2,3,\ldots)$$

となり，したがって，

$$c_n(2\nu+n)n + c_{n-2} = 0 \quad (n=2,3,\ldots) \quad (3.2.13)$$

である．よって，ふたたび，与えられた数 ν が $2\nu \neq$ **整数** であれば，$2\nu + n \neq 0$ であり，よって (3.2.13) により次が得られる：

$$c_n = -\frac{c_{n-2}}{(2\nu+n)n} \qquad (n=2,3,\dots). \tag{3.2.14}$$

(3.2.12) と (3.2.14) により,

$$c_{2k+1} = 0 \qquad (k=0,1,\dots) \tag{3.2.15}$$

が得られ, $c_0 \neq 0$ と (3.2.14) により,

$$c_{2k} = \frac{c_0(-1)^k}{2^{2k}k!\,(\nu+k)(\nu+k-1)\cdots(\nu+1)} \qquad (k=1,2,\dots) \tag{3.2.16}$$

が得られる.

以上により, 与えられた数 ν が $2\nu \neq$ **整数** であれば, $c_0 \neq 0$ を満たす (3.2.6) の形の級数解 $y(x)$ は, (3.2.10), (3.2.15), (3.2.16) を用いて次のように表される:

$$y(x) = x^\nu \sum_{k=0}^\infty \frac{(-1)^k c_0 x^{2k}}{2^{2k}k!\,(\nu+k)(\nu+k-1)\cdots(\nu+1)}. \tag{3.2.17}$$

この式の分母に現れる $(\nu+k)(\nu+k-1)\cdots(\nu+1)$ は, ガンマ関数[7] $\Gamma(\alpha)$ を用いて,

$$(\nu+k)(\nu+k-1)\cdots(\nu+1) = \frac{\Gamma(\nu+k+1)}{\Gamma(\nu+1)}$$

と表される. また, c_0 は,

$$c_0 = \frac{1}{\Gamma(\nu+1)}$$

とおくと, 級数解 (3.2.17) は ν **次のベッセル関数**とよばれる式になる:

$$J_\nu(x) = \left(\frac{x}{2}\right)^\nu \sum_{k=0}^\infty \frac{(-1)^k (\frac{x}{2})^{2k}}{k!\,\Gamma(\nu+k+1)} \qquad (\nu \neq \text{負の実数}). \tag{3.2.18}$$

(3.2.10) 以降の議論は, $\rho = -\nu$ としてもそのまま成り立ち, $J_{-\nu}(x)$ も微分方程式 (3.2.1) の解となり, それが $J_\nu(x)$ と 1 次独立であることも示される.

---

7) ガンマ関数の定義については, 微分積分学の教科書を参照のこと.

以上まとめて，次の定理を得る：

ベッセルの微分方程式の解 ($2\nu \neq$ 整数)

定理 3.2.2 ν が $2\nu \neq$ 整数 であれば，$J_\nu(x)$ と $J_{-\nu}(x)$ は，(3.2.1) の基本解となる．

注意 ベッセルの微分方程式は，膜の振動 (太鼓の膜の振動など) を表す微分方程式に現れる ([5] に詳しい). また，一般の ν に対するベッセルの微分方程式の解については, [4] を参照されたい. ■

3.3 章末問題

1. 次の微分方程式の解をべき級数による解法で求めよ．
(1) $(x-1)^2 y''(x) - (x-2)y'(x) + y(x) = 0$ $\quad (y(0) = 2,\ y'(0) = -1)$
(2) $y''(x) - y(x) = x$ $\quad (y(0) = y'(0) = 0)$

4
ラプラス変換と微分方程式

　この章では，ラプラス変換を用いて微分方程式を解くことを考えていく．第1章や第2章では微分方程式を解く際に，微分や積分といった解析的な手法 (高校数学以上) を用いて解いてきた．これらに代えて，ラプラス変換を用いることにより，微分方程式を四則演算といった代数的な手法 (中学数学レベル) で解くことが可能になる．つまり，微分方程式を簡単な計算で解くことができるようになるのである．それを順を追って解説する[1]．

$$\boxed{\begin{array}{c}\text{微分方程式}\\(\text{高等的})\end{array}} \xrightleftharpoons[\text{逆ラプラス変換 }\mathcal{L}^{-1}]{\text{ラプラス変換 }\mathcal{L}} \boxed{\begin{array}{c}\text{代数方程式}\\(\text{初等的})\end{array}}$$

4.1　ラプラス変換の定義

本章を通じて，$\mathbb{C}$ で複素数全体を，$\mathbb{R}$ で実数全体を表すこととする．

ラプラス変換を次のように定義する．

定義 1 (ラプラス変換の定義)　実変数 t を $0 \leqq t < \infty$ とする．このとき，複素数値関数 $f(t)$ に対し，複素変数 s の関数

$$\mathcal{L}[f](s) = F(s) = \int_0^\infty e^{-st} f(t)\, dt \qquad (s \in \mathbb{C}) \qquad (4.1.1)$$

を関数 $f(t)$ の**ラプラス変換**とよび，$\mathcal{L}[f](s)$ などと表す．　■

---

　[1]　いつでもこの方法で微分方程式が解けるわけではない．他にもさまざまな手法が考案されている．

積分 (4.1.1) は広義積分なので,

$$\int_0^\infty e^{-st}f(t)\,dt = \lim_{T\to\infty}\int_0^T e^{-st}f(t)\,dt < \infty$$

で定義される.なお,$t \to +0$ のとき,$|f(t)| \to \infty$ となることもありうるが,このとき

$$\lim_{\varepsilon\to+0}\int_\varepsilon^T e^{-st}f(t)\,dt < \infty$$

であれば,これを

$$\int_0^T e^{-st}f(t)\,dt = \lim_{\varepsilon\to+0}\int_\varepsilon^T e^{-st}f(t)\,dt$$

とする.また,必ずしもすべての $s \in \mathbb{C}$ に対し,(4.1.1) の右辺の積分が存在する (値が定まる) わけではない.それを次の具体例でみてみる.

例題 4.1 (1) $f(t) = 1\ (0 \leqq t < \infty)$ とする.このとき,ラプラス変換 $\mathcal{L}[1](s)$ を求めよ.
(2) $f(t) = t^{-\frac{1}{2}}$ とする.このとき,ラプラス変換 $\mathcal{L}[t^{-\frac{1}{2}}](s)$ を求めよ.ただし,$s \in \mathbb{R},\ s > 0$ とする.

【解】 (1) $0 \leqq t < \infty$ に対して $f(t) = 1$ とする.このとき,そのラプラス変換 $\mathcal{L}[1](s)$ は,

$$\mathcal{L}[1](s) = \int_0^\infty e^{-st}f(t)\,dt$$
$$= \int_0^\infty e^{-st} \times 1\,dt = \int_0^\infty e^{-st}\,dt = \lim_{T\to\infty}\int_0^T e^{-st}\,dt \quad (4.1.2)$$

で与えられる.ただし,$s = a + ib \in \mathbb{C},\ a, b \in \mathbb{R}$ である.以下,積分 (4.1.2) を,(i) $a = 0$, (ii) $a > 0$, (iii) $a < 0$ に場合分けをして考える.

(i) $\underline{a = 0\text{ の場合}}$:$b = 0$ のときは,

$$(4.1.2) = \lim_{T\to\infty}\int_0^T dt = \lim_{T\to\infty}\bigl[t\bigr]_0^T = \lim_{T\to\infty}T = \infty$$

4.1 ラプラス変換の定義

なので，積分 (4.1.2) は発散してしまう．$b \neq 0$ のときは，オイラーの公式 $e^{-ibt} = \cos(-bt) + i\sin(-bt)$ より，次が成り立つ：

$$\begin{aligned}
(4.1.2) &= \lim_{T \to \infty} \int_0^T e^{-ibt}\, dt \\
&= \lim_{T \to \infty} \int_0^T (\cos(-bt) + i\sin(-bt))\, dt \\
&= \lim_{T \to \infty} \int_0^T (\cos(bt) - i\sin(bt))\, dt \\
&= \lim_{T \to \infty} \left[\frac{1}{b}(\sin(bt) + i\cos(bt)) \right]_0^T \\
&= \lim_{T \to \infty} \left[\frac{i}{b}(\cos(bt) - i\sin(bt)) \right]_0^T \\
&= \lim_{T \to \infty} \left[\frac{1}{-ib} e^{-ibt} \right]_0^T \\
&= \lim_{T \to \infty} \left(\frac{1}{-ib} e^{-ibT} + \frac{1}{ib} \right).
\end{aligned}$$

この極限は存在しないので，積分 (4.1.2) は意味をなさない．よって，$a = 0$ のときは，ラプラス変換 $\mathcal{L}[1](s)$ は存在しない．

<u>(ii) $a > 0$ の場合</u>：

$$(4.1.2) = \lim_{T \to \infty} \left[\frac{1}{-s} e^{-st} \right]_0^T = \lim_{T \to \infty} \left(\frac{1}{-s} e^{-sT} + \frac{1}{s} \right) \qquad (4.1.3)$$

ここで，$a > 0$ かつ $\left| e^{-ibT} \right| = 1$ より，$T \to \infty$ のとき

$$\left| e^{-(a+ib)T} \right| = e^{-aT} \to 0$$

となるので，

$$(4.1.3) = \frac{1}{s}$$

となる．よって，$a > 0$ のとき，

$$\mathcal{L}[1](s) = \frac{1}{s}$$

である.

(iii) $a<0$ の場合：$a<0$ かつ $|e^{-ibT}|=1$ より，$T\to\infty$ のとき

$$\left|e^{-(a+ib)T}\right|=e^{-aT}\to\infty$$

となる．よって (4.1.3) から，積分 (4.1.2) が発散することがわかる．よって，$a<0$ のときは，ラプラス変換 $\mathcal{L}[1](s)$ は存在しない．

以上 (i)〜(iii) より，関数 $f(t)=1$ のラプラス変換 $\mathcal{L}[1](s)$ は，

$$\mathcal{L}[1](s)=\frac{1}{s},\quad \mathrm{Re}\,s>0$$

となる．ただし，$\mathrm{Re}\,s$ は複素数 s の実部を表す．つまり，$s=a+ib$ (i は虚数単位) のとき，$\mathrm{Re}\,s=a$ である．

(2)

$$\mathcal{L}[t^{-\frac{1}{2}}](s)=\int_0^\infty t^{-\frac{1}{2}}e^{-st}dt. \tag{4.1.4}$$

ここで，$st=p$ と変数変換することにより，

$$(4.1.4)=\frac{1}{\sqrt{s}}\int_0^\infty e^{-p}p^{-\frac{1}{2}}\,dp$$

$$=\frac{1}{\sqrt{s}}\Gamma\left(\frac{1}{2}\right) \tag{4.1.5}$$

と式変形できる．ここで，$\Gamma(x)$ はガンマ関数

$$\Gamma(x)=\int_0^\infty e^{-p}x^{p-1}dp$$

を表す．いま，$\Gamma\left(\dfrac{1}{2}\right)=\sqrt{\pi}$ となる[2]．(4.1.5) より，

$$(4.1.5)=\sqrt{\frac{\pi}{s}}$$

となる．よって，ラプラス変換 $\mathcal{L}[t^{-\frac{1}{2}}](s)$ は，

$$\mathcal{L}[t^{-\frac{1}{2}}](s)=\sqrt{\frac{\pi}{s}}$$

---

[2] 文献 [9] の III 巻を参照.

となる. □

注意 慣れるまでは，積分の値が存在するかどうかちゃんと確かめること. ∎

● **練習問題 4.1** 次の関数のラプラス変換 $\mathcal{L}[f](s)$ を求めよ.
(1) $f(t) = t \quad (0 \leqq t < \infty)$
(2) $f(t) = t^n \quad (0 \leqq t < \infty, n \in \mathbb{N})$

4.2 ラプラス変換の具体例

この節では，いくつかの基本的な関数のラプラス変換を具体的に求めてみる. ここで与えられるラプラス変換はすべて重要なものであるから，計算方法はもちろんその結果までしっかりと身につけるようにしよう.

例題 4.2 $f(t) = e^{at} \ (0 \leqq t < \infty, a \in \mathbb{C})$ とする. このとき，ラプラス変換 $\mathcal{L}[e^{at}](s)$ を求めよ.

【解】 $0 \leqq t < \infty$ かつ $a \in \mathbb{C}$ とする. このとき，

$$\mathcal{L}[e^{at}](s) = \int_0^\infty e^{-st} e^{at} \, dt$$

$$= \lim_{T \to \infty} \int_0^T e^{-(s-a)t} \, dt$$

となる. よって，例題 4.1 より，$\mathrm{Re}(s-a) > 0$ のとき，ラプラス変換 $\mathcal{L}[e^{at}](s)$ は

$$\mathcal{L}[e^{at}](s) = \frac{1}{s-a}$$

となる. □

● **練習問題 4.2** 次の関数のラプラス変換 $\mathcal{L}[f](s)$ を求めよ.
(1) $f(t) = e^{i\omega t} \quad (0 \leqq t < \infty, \omega \in \mathbb{R})$
(2) $f(t) = e^{-i\omega t} \quad (0 \leqq t < \infty, \omega \in \mathbb{R})$

例題 4.3 $f(t) = \sin(\omega t)$ $(0 \leqq t < \infty, \omega \in \mathbb{R})$ とする．このとき，ラプラス変換 $\mathcal{L}[\sin(\omega t)](s)$ を求めよ．

【解】 関数 $\sin(\omega t)$ は，オイラーの公式
$$e^{i\omega t} = \cos(\omega t) + i\sin(\omega t),$$
$$e^{-i\omega t} = \cos(\omega t) - i\sin(\omega t)$$
より，
$$\sin(\omega t) = \frac{e^{i\omega t} - e^{-i\omega t}}{2i}$$
と表すことができる．よって，積分の線形性と練習問題 4.2 より
$$\mathcal{L}[\sin(\omega t)](s) = \int_0^\infty e^{-st} \sin(\omega t)\, dt$$
$$= \frac{1}{2i} \int_0^\infty e^{-st}(e^{i\omega t} - e^{-i\omega t})\, dt$$
$$= \frac{1}{2i} \left(\int_0^\infty e^{-st} e^{i\omega t}\, dt - \int_0^\infty e^{-st} e^{-i\omega t}\, dt \right)$$
$$= \frac{1}{2i} \left\{ \mathcal{L}[e^{i\omega t}](s) - \mathcal{L}[e^{-i\omega t}](s) \right\}$$
$$= \frac{1}{2i} \left(\frac{1}{s - i\omega} - \frac{1}{s + i\omega} \right) \ (\operatorname{Re} s > 0)$$
$$= \frac{1}{2i} \frac{2i\omega}{(s - i\omega)(s + i\omega)}$$
$$= \frac{\omega}{s^2 + \omega^2}$$
となる．よって，ラプラス変換 $\mathcal{L}[\sin(\omega t)](s)$ は，
$$\mathcal{L}[\sin(\omega t)](s) = \frac{\omega}{s^2 + \omega^2}, \quad \operatorname{Re} s > 0$$
である． □

● **練習問題 4.3** $f(t) = \cos(\omega t)$ $(0 \leqq t < \infty, \omega \in \mathbb{R})$ とする．このとき，ラプラス変換 $\mathcal{L}[\cos(\omega t)](s)$ を求めよ．

4.3 ラプラス変換に関するいくつかの数学的事実

今後は，基本となるラプラス変換は既知としてどんどん活用することで，なるべく積分の計算をしないようにする．よって，ここで登場したラプラス変換を表にまとめておく．

関数 $f(t)$	関数 $f(t)$ のラプラス変換 $\mathcal{L}[f](s)$	関数 $f(t)$	関数 $f(t)$ のラプラス変換 $\mathcal{L}[f](s)$
1	$\dfrac{1}{s}$ ($\operatorname{Re} s > 0$)	e^{at}	$\dfrac{1}{s-a}$ ($\operatorname{Re}(s-a) > 0$)
t	$\dfrac{1}{s^2}$ ($\operatorname{Re} s > 0$)	$e^{i\omega t}$	$\dfrac{1}{s-i\omega}$ ($\operatorname{Re} s > 0$)
t^2	$\dfrac{2!}{s^3}$ ($\operatorname{Re} s > 0$)	$e^{-i\omega t}$	$\dfrac{1}{s+i\omega}$ ($\operatorname{Re} s > 0$)
$t^{-\frac{1}{2}}$	$\sqrt{\dfrac{\pi}{s}}$ ($s > 0$)	$\sin(\omega t)$	$\dfrac{\omega}{s^2+\omega^2}$ ($\operatorname{Re} s > 0$)
t^n	$\dfrac{n!}{s^{n+1}}$ ($\operatorname{Re} s > 0$)	$\cos(\omega t)$	$\dfrac{s}{s^2+\omega^2}$ ($\operatorname{Re} s > 0$)

4.3 ラプラス変換に関するいくつかの数学的事実

本節では，ラプラス変換に関する次の2つの数学的な事実を述べる．

(1) ラプラス変換の積分 (4.1.1) が有限確定値になるための被積分関数 $f(t)$ に関する一つの十分条件について．

(2) 関数 $f(t)$ とそのラプラス変換 $\mathcal{L}[f](s)$ が 1 対 1 対応することについて．

(1) に関しては証明もつけて説明する (付録 A.2.1 項を参照)．(2) に関しては証明は与えないが，微分方程式をラプラス変換を用いて解く際の「核」になる知識なので忘れないようにしよう[3]．

---

3) 証明に関しては [1] などを参照．

4.3.1 ラプラス変換の積分 (4.1.1) が有限確定値になるための被積分関数 $f(t)$ に関する一つの十分条件

次の問題を考える．

> **Q1.** $f(t) = e^{t^2}$ $(0 \leqq t < \infty)$ とする．このとき，ラプラス変換 $\mathcal{L}[e^{t^2}](s)$ を考察せよ．

【解】 まずは，簡単のために，$s = a$ $(a \in \mathbb{R})$ のときを考える．e の指数部分を平方完成を行うことにより，

$$\begin{aligned}
\mathcal{L}[e^{t^2}](s) = \mathcal{L}[e^{t^2}](a) &= \int_0^\infty e^{-at} e^{t^2} dt \\
&= e^{-\frac{1}{4}a^2} \int_0^\infty e^{(t-\frac{1}{2}a)^2} dt \\
&= e^{-\frac{1}{4}a^2} \lim_{T \to \infty} \int_0^T e^{(t-\frac{1}{2}a)^2} dt \quad (4.3.1)
\end{aligned}$$

となる．$X = t - \frac{1}{2}a$ と置換すると

t	$0 \longrightarrow T$
X	$-\frac{1}{2}a \longrightarrow T - \frac{1}{2}a$

かつ $dt = dX$ なので，式 (4.3.1) は，

$$e^{-\frac{1}{4}a^2} \lim_{T \to \infty} \int_0^T e^{(t-\frac{1}{2}a)^2} dt = e^{-\frac{1}{4}a^2} \lim_{T \to \infty} \int_{-\frac{1}{2}a}^{T-\frac{1}{2}a} e^{X^2} dX \quad (4.3.2)$$

と変形される．すべての実数 X に対して $|X| < e^{X^2}$ なので，

$$\infty = \lim_{T \to \infty} \int_{-\frac{1}{2}a}^{T-\frac{1}{2}a} dX < \lim_{T \to \infty} \int_0^T e^{(t-\frac{1}{2}a)^2} dt$$

となる．これより，すべての実数 a に対し，ラプラス変換 $\mathcal{L}[e^{t^2}](s)$ は存在しないことがわかる．

s が複素数のときも，どんな s に対してもラプラス変換 $\mathcal{L}[e^{t^2}](s)$ は存在しないことも同様にいえるので，それは演習とする． □

4.3 ラプラス変換に関するいくつかの数学的事実

Q1 の考察でもわかるように，変数 s に関係なく関数 $f(t)$ によってはラプラス変換が存在しない場合もある．では，関数 $f(t)$ がどのような条件をもてば，ラプラス変換は存在するのか？ そのひとつの答えが，次の定理である (証明は付録 A.2.1 項を参照).

── ラプラス変換の存在のための十分条件 ──

定理 4.3.1 関数 $f(t)$ は，$0 \leqq t < \infty$ において (区分的に) 連続であるとする．このとき，関数 $f(t)$ に対し

$$|f(t)| \leqq C e^{\alpha t} \tag{4.3.3}$$

となる定数 $C > 0$ と $\alpha > 0$ が存在すれば，$\mathrm{Re}\, s > \alpha$ なる変数 s についてラプラス変換 $\mathcal{L}[f](s)$ が存在する．

前節で考察した関数 $f(t)$ は，すべて評価式 (4.3.3) を満たす．逆に，直前で考察した Q1 は評価式 (4.3.3) を満たさないことがすぐにわかる．

4.3.2 関数 $f(t)$ とそのラプラス変換 $\mathcal{L}[f](s)$ が 1 対 1 対応すること

ここでは，関数 $f(t)$ とそのラプラス変換 $\mathcal{L}[f](s)$ が 1 対 1 に対応する事実を紹介する[4].

── ラプラス変換 $\mathcal{L}[f](s)$ と $f(t)$ との関係 ──

定理 4.3.2 関数 $f(t)$ のラプラス変換 $\mathcal{L}[f](s)$ を $F(s)$ と表す．このとき，同じ $F(s)$ をラプラス変換にもつ関数は $f(t)$ のほかにはない．

注意 (1) この定理から，関数 $f(t)$ のラプラス変換を $\mathcal{L}[f](s)$ と表すことの正当性がわかる．

(2) ラプラス変換からもとの関数 $f(t)$ に戻す変換を**逆ラプラス変換**といい，

$$\mathcal{L}^{-1}[F](t) = f(t)$$

のように $\mathcal{L}^{-1}$ で表す．

---
[4] 証明は関数論の知識を要するので，興味があれば文献 [1] などを参照されたい．

(3) この定理のもっとも重要な点は,「もとの関数 $f(t)$ (t 変数の関数) の世界」と「そのラプラス変換 $\mathcal{L}[f](s)$ (s 変数の関数) の世界」を同じものとみなせることである.

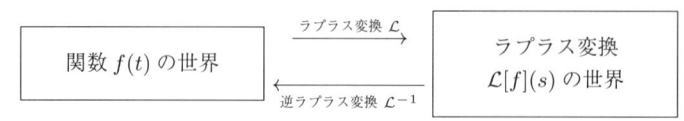

```
┌─────────────────┐   ラプラス変換 $\mathcal{L}$    ┌─────────────────┐
│                 │ ──────────────→ │  ラプラス変換    │
│ 関数 $f(t)$ の世界 │                  │ $\mathcal{L}[f](s)$ の世界 │
│                 │ ←────────────── │                 │
└─────────────────┘  逆ラプラス変換 $\mathcal{L}^{-1}$ └─────────────────┘
```
∎

つまり, t 変数の世界で $f(t)$ を取り扱うのが難しいとき, それをいったんラプラス変換し, $\mathcal{L}[f](s)$ としてラプラス変換の世界で作業ができれば作業をし, 逆ラプラス変換でもとの $f(t)$ に戻すのである. 微分方程式にラプラス変換の手法を導入するメリットはここにある. 微分方程式の解 $f(t)$ が直接求めにくいとき, いったんラプラス変換の世界にもっていき, そこで作業をして $\mathcal{L}[f](s)$ を具体的に求めてしまう. それが求まれば, 逆ラプラス変換を用いて, 関数 $f(t)$ が何かを明らかにできるのである (後述の 4.5 節を参照).

では, ラプラス変換の世界にはどのような性質があるのだろうか? 新しい世界のことを何も知らないままでは何もできないので, 次節以降しばらくの間, ラプラス変換の世界の性質をみていく.

4.4 ラプラス変換の性質

本節では, ラプラス変換の性質について解説していく. ここで与えられる性質は, 一つは, ラプラス変換の計算を豊かにし, 一つは, もとの関数 $f(t)$ の世界とラプラス変換 $\mathcal{L}[f](s)$ の世界との関係を表してくれる. 順を追いながら, 微分方程式も念頭に入れてラプラス変換の性質をみていく. なお, 各命題の証明については, 付録 A.2 節を参照されたい.

4.4.1 線 形 性

ラプラス変換は積分 (4.1.1) で定義されたものであった. よって, 積分の線形性から次のことが成り立つことがわかる (証明は付録 A.2.2 項を参照).

4.4 ラプラス変換の性質

ラプラス変換の線形性

命題 1 関数 $f(t), g(t)$ は定理 4.3.1 の条件を満たすものとする．このとき，

(1) $\mathcal{L}[f+g](s) = \mathcal{L}[f](s) + \mathcal{L}[g](s)$

(2) $\mathcal{L}[\alpha f](s) = \alpha \mathcal{L}[f](s) \quad (\alpha \in \mathbb{C})$

が成り立つ．

この性質を知っていると，次の例題の計算のように，積分を表にださずにラプラス変換が計算可能になるときもある．

例題 4.4 (1) $f(t) = 3e^t + 2t$ とする．このとき，ラプラス変換 $\mathcal{L}[3e^t + 2t](s)$ を求めよ．

(2) $f(t) = 3\cos(2t)+1$ とする．このとき，ラプラス変換 $\mathcal{L}[3\cos(2t)+1](s)$ を求めよ．

(3) $f(t) = \sin(\omega t + \theta) \ (0 \leqq t < \infty, \ \omega, \theta \in \mathbb{R})$ とする．このとき，ラプラス変換 $\mathcal{L}[\sin(\omega t + \theta)](s)$ を求めよ．

【解】 (1) ラプラス変換の線形性より，

$$\mathcal{L}[3e^t + 2t](s) = 3\mathcal{L}[e^t](s) + 2\mathcal{L}[t](s)$$
$$= \frac{3}{s-1} + \frac{2}{t^2}.$$

よって，

$$\mathcal{L}[3e^t + 2t](s) = \frac{3}{s-1} + \frac{2}{t^2}$$

となる．

(2) ラプラス変換の線形性より，

$$\mathcal{L}[3\cos(2t) + 1](s) = 3\mathcal{L}[\cos(2t)](s) + \mathcal{L}[1](s)$$
$$= \frac{3s}{s^2+4} + \frac{1}{s}.$$

よって，
$$\mathcal{L}[3\cos(2t)+1](s) = \frac{3s}{s^2+4} + \frac{1}{s}$$
となる．

(3) 三角関数の加法定理より，
$$\sin(\omega t + \theta) = \sin(\omega t)\cos\theta + \cos(\omega t)\sin\theta$$
であるので，ラプラス変換の線形性から
$$\begin{aligned}\mathcal{L}[\sin(\omega t+\theta)](s) &= \mathcal{L}[\sin(\omega t)\cos\theta + \cos(\omega t)\sin\theta](s)\\ &= \cos\theta\,\mathcal{L}[\sin(\omega t)](s) + \sin\theta\,\mathcal{L}[\cos(\omega t)](s)\\ &= \frac{\omega\cos\theta}{s^2+\omega^2} + \frac{s\sin\theta}{s^2+\omega^2} \quad (\mathrm{Re}\,s > 0)\\ &= \frac{\omega\cos\theta + s\sin\theta}{s^2+\omega^2}\end{aligned}$$
となる．以上より，
$$\mathcal{L}[\sin(\omega t+\theta)](s) = \frac{\omega\cos\theta + s\sin\theta}{s^2+\omega^2}$$
である． □

● 練習問題 4.4 次の関数のラプラス変換 $\mathcal{L}[f](s)$ を求めよ．
(1) $f(t) = t^2 - t - 2$
(2) $f(t) = \cos t + 2\sin t$
(3) $f(t) = \dfrac{1}{\sqrt{t}} + \sqrt{\pi}$
(4) $f(t) = \sin(2t+\pi) \ (0 \leqq t < \infty)$
(5) $f(t) = \cos(\omega t + \theta) \ (0 \leqq t < \infty,\ \omega, \theta \in \mathbb{R})$
(6) $f(t) = \cos^2 t \ (0 \leqq t < \infty)$

4.4 ラプラス変換の性質

> **例題 4.5** $f(t) = \cosh(2t) = \dfrac{e^{2t} + e^{-2t}}{2}$ $(0 \leqq t < \infty)$ とする．このとき，ラプラス変換 $\mathcal{L}[\cosh(2t)](s)$ を求めよ．

【解】 ラプラス変換の線形性より，

$$\mathcal{L}[\cosh(2t)](s) = \mathcal{L}\left[\frac{e^{2t} + e^{-2t}}{2}\right](s)$$

$$= \frac{1}{2}\left(\mathcal{L}[e^{2t}](s) + \mathcal{L}[e^{-2t}]\right)(s)$$

$$= \frac{1}{2}\left(\frac{1}{s-2} + \frac{1}{s+2}\right) \quad (\text{Re } s > 2)$$

$$= \frac{s}{s^2 - 4}$$

となる．これより，

$$\mathcal{L}[\cosh(2t)](s) = \frac{s}{s^2 - 4}$$

となる． □

● **練習問題 4.5** $f(t) = \sinh(2t) = \dfrac{e^{2t} - e^{-2t}}{2}$ $(0 \leqq t < \infty)$ とする．このとき，ラプラス変換 $\mathcal{L}[\sinh(2t)](s)$ を求めよ．

4.4.2 ラプラス変換の移動定理

次の2つのラプラス変換の例を見比べてみよう：

$$\mathcal{L}[1](s) = \frac{1}{s}, \qquad \mathcal{L}[e^{at}](s) = \frac{1}{s-a}.$$

関数 e^{at} を $e^{at} \times 1$ というように，関数 $f(t) = 1$ に関数 e^{at} をかけたものととらえると面白い性質がみえてくる．2つをよくみると，t 変数の関数の世界では e^{at} をかけるという操作が，s 変数のラプラス変換の世界では，a だけ平行移動するという操作に変わっている．

このことを一般化したものが次の移動定理である (証明は付録 A.2.3 項を参照)．

---- 移動定理 1 ----

命題 2 関数 $f(t)$ は定理 4.3.1 を満たすものとする．このとき，
$$\mathcal{L}[e^{at}f](s) = \mathcal{L}[f](s-a), \quad \mathrm{Re}(s-a) > 0$$
が成り立つ．

この性質を知っていると次のような計算が瞬時にできるようになる．

例題 4.6 $f(t) = e^{at}t$ $(0 \leqq t < \infty, a \in \mathbb{C})$ とする．このとき，ラプラス変換 $\mathcal{L}[e^{at}t](s)$ を求めよ．

【解】 ラプラス変換 $\mathcal{L}[t](s) = \dfrac{1}{s^2}$ より，
$$\mathcal{L}[e^{at}t](s) = \frac{1}{(s-a)^2}, \quad \mathrm{Re}(s-a) > 0$$
となる． □

● **練習問題 4.6** 次の関数のラプラス変換 $\mathcal{L}[f](s)$ を求めよ．
 (1) $f(t) = e^{2t}t^2$
 (2) $f(t) = e^{it}\sin t$
 (3) $f(t) = e^{(1-i)t}\sinh t$
 (4) $f(t) = t\sin 2t$

4.4.3 もう一つの移動定理

この項では，関数 $f(t)$ を平行移動させた $f(t-a)$ のラプラス変換を求める．前項との違いを意識しよう．この項以降，関数 $H(t)$ を
$$H(t) = \begin{cases} 1 & (t \geqq 0), \\ 0 & (t < 0) \end{cases}$$
と定義する．この関数 $H(t)$ は**ヘヴィサイド関数**とよばれたり，単位階段関数とよばれる．ちなみに，関数 $H(t)$ も定理 4.3.1 の条件を満たす．そして，関数

4.4 ラプラス変換の性質

$H(t)$ は，$0 \leqq t < \infty$ では関数 $f(t) = 1$ と一致するので，ラプラス変換 $\mathcal{L}[H](s)$ は，

$$\mathcal{L}[H](s) = \frac{1}{s}, \quad \text{Re } s > 0$$

となる．

ここで，ヘヴィサイド関数 $H(t)$ を $a > 0$ だけ平行移動した関数 $H(t-a)$ のラプラス変換 $\mathcal{L}[H(t-a)](s)$ $(a > 0)$ を考える．もちろん $H(t-a)$ も定理 4.3.1 の条件を満たすので，ラプラス変換 $\mathcal{L}[H(t-a)](s)$ は存在する．それを具体的に計算してみると，

$$\begin{aligned}\mathcal{L}[H(t-a)](s) &= \int_0^\infty e^{-st} H(t-a) \, dt \\ &= \int_a^\infty e^{-st} dt \\ &= \left[-\frac{1}{s} e^{-st}\right]_a^\infty = \frac{e^{-sa}}{s}\end{aligned}$$

となる．つまり，

$$\mathcal{L}[H(t-a)](s) = \frac{e^{-sa}}{s}, \quad \text{Re } s > 0$$

となる．

これら 2 つの関数 $H(t)$ と $H(t-a)$ のラプラス変換

$$\mathcal{L}[H(t)](s) = \frac{1}{s}, \quad \mathcal{L}[H(t-a)](s) = \frac{e^{-as}}{s}, \quad \text{Re } s > 0$$

を見比べてみよう．t 変数の世界での平行移動は，s 変数の世界では指数関数 e^{-as} をかける作業に変わっていることに気づくであろう．一般には以下のようになる．

───── 移動定理 2 ─────

命題 3 関数 $f(t)$ は，定理 4.3.1 を満たすものとする．いま，この関数を $a > 0$ だけ平行移動させた $f(t-a)H(t-a)$ のラプラス変換 $\mathcal{L}[f(t-a)H(t-a)](s)$ は，

$$\mathcal{L}[f(t-a)H(t-a)](s) = e^{-as} \mathcal{L}[f(t)](s), \quad \text{Re } s > 0$$

となる．

例題 4.7 $f(t) = (t-2)^2 H(t-2)$ とする．このとき，ラプラス変換 $\mathcal{L}[(t-2)^2 H(t-2)](s)$ を求めよ．

【解】 ラプラス変換

$$\mathcal{L}[t^2](s) = \frac{2!}{s^3}$$

より，

$$\mathcal{L}[(t-2)^2 H(t-2)](s) = \frac{2! e^{-2s}}{s^3}$$

となる． □

● **練習問題 4.7** 関数 $f(t) = (t-1)^3 H(t-1)$ のラプラス変換 $\mathcal{L}[(t-1)^3 H(t-1)](s)$ を求めよ．

4.4.4 相 似 形

変数 t を a 倍した関数 $f(at)$ はこれまでにもしばしば登場している．たとえば，次の 2 つのラプラス変換を見比べてみよう：

$$\mathcal{L}[e^t](s) = \frac{1}{s-1}, \quad \mathcal{L}[e^{at}](s) = \frac{1}{s-a}.$$

ラプラス変換には，これを一般化した次の性質がある (証明は付録 A.2.5 項を参照)．

---- 相 似 形 ----

命題 4 $a > 0$，関数 $f(t)$ は定理 4.3.1 の条件を満たすものとする．このとき，ラプラス変換 $\mathcal{L}[f(at)](s)$ は，

$$\mathcal{L}[f(at)](s) = \frac{1}{a}\mathcal{L}[f]\left(\frac{s}{a}\right), \quad \mathrm{Re}\left(\frac{s}{a}\right) > 0$$

となる．

4.4 ラプラス変換の性質

例題 4.8 $a > 0$ とする．このとき，ラプラス変換 $\mathcal{L}[e^t](s) = \dfrac{1}{s-1}$ を既知として，ラプラス変換 $\mathcal{L}[e^{at}](s)$ を求めよ．

【解】 $a > 0$ とする．このとき，

$$\mathcal{L}[e^{at}](s) = \frac{1}{a}\mathcal{L}[e^t]\left(\frac{s}{a}\right)$$

$$= \frac{1}{a}\frac{1}{\frac{s}{a}-1}$$

$$= \frac{1}{s-a}, \quad \mathrm{Re}\left(\frac{s}{a}\right) > 0$$

となる． □

● **練習問題 4.8** $f(t) = e^{t/2}$ とする．このとき，ラプラス変換 $\mathcal{L}[e^{t/2}](s)$ を求めよ．

4.4.5 導関数のラプラス変換

いよいよこの項で微分とラプラス変換の関係が明らかになる．この項では簡単のため，関数 $f(t)$ は無限回微分可能な関数で，定理 4.3.1 の条件を満たすものとする．このとき，次が成り立つ (証明は付録 A.2.6 項を参照)．

導関数のラプラス変換

命題 5 関数 $f'(t)$ を関数 $f(t)$ の導関数とする．このとき，ラプラス変換 $\mathcal{L}[f'](s)$ は，

$$\mathcal{L}[f'](s) = s\mathcal{L}[f](s) - f(0)$$

となる．

この命題を見てどのようなことに気づくであろうか？ いま，$f(0)$ は定数よりあまり関係がない．この命題の本質は，1 回微分をするという高級な作業が，ラプラス変換をすると s を 1 回かけるという単純な作業に変わることである．

例題 4.9 ラプラス変換 $\mathcal{L}[\sin t](s) = \dfrac{1}{s^2+1}$ を既知とするとき，ラプラス変換 $\mathcal{L}[\cos t](s)$ を求めよ．

【解】 $\cos t = (\sin t)'$ かつ $\sin 0 = 0$ より，
$$\mathcal{L}[\cos t](s) = s\mathcal{L}[\sin t](s) - 0 = \frac{s}{s^2+1}$$
となる． □

● **練習問題 4.9** 次の問に答えよ．
(1) $\mathcal{L}[f''](s) = s^2\mathcal{L}[f](s) - sf(0) - f'(0)$ となることを示せ．
(2) 関数 $f(t)$ が無限回微分可能関数で，$f^{(k)}(t)$ $(k = 0, 1, \ldots, n)$ は定理 4.3.1 の条件を満たすものとする．このとき，
$$\mathcal{L}[f^{(n)}](s) = s^n\mathcal{L}[f](s) - s^{n-1}f(0) - s^{n-2}f'(0) - \cdots - sf^{(n-2)}(0) - f^{(n-1)}(0)$$
が成り立つことを示せ．
(3) ラプラス変換 $\mathcal{L}[t \sin t](s)$ を求めよ．

4.4.6 積分のラプラス変換

関数 $f(t)$ を定理 4.3.1 の条件を満たすものとする．このとき，原始関数のラプラス変換は，次のような性質をもつ (証明は付録 A.2.7 項を参照)．

───── 積分のラプラス変換 ─────

命題 6 $g(t) = \displaystyle\int_0^t f(u)\,du$ とする．このとき，
$$\mathcal{L}\left[\int_0^t f(u)\,du\right](s) = \frac{1}{s}\mathcal{L}[f](s), \quad \operatorname{Re} s > a$$
が成り立つ．

これは，もとの関数 $f(t)$ の世界での微分や積分は，ラプラス変換 $\mathcal{L}[f](s)$ の世界では，s や $\dfrac{1}{s}$ をかける操作に変わっているということである．

4.4 ラプラス変換の性質

> **例題 4.10** $f(t) = \int_0^t \sin(3u)\,du \ (0 \leq t < \infty)$ とする．このとき，ラプラス変換
> $$\mathcal{L}\left[\int_0^t \sin(3u)\,du\right](s)$$
> を求めよ．

【解】 $f(t) = \int_0^t \sin(3u)\,du \ (0 \leq t < \infty)$ とする．そのラプラス変換 $\mathcal{L}\left[\int_0^t \sin(3u)\,du\right](s)$ は，

$$\mathcal{L}\left[\int_0^t \sin(3u)\,du\right](s) = \frac{1}{s}\mathcal{L}[\sin(3t)](s) = \frac{3}{s(s^2+9)}$$

となる． □

● **練習問題 4.10** 次の問に答えよ．
(1) $\omega \in \mathbb{R}$ とする．このとき，ラプラス変換 $\mathcal{L}\left[\int_0^t \sin(\omega t)\,dt\right](s)$ を求めよ．
(2) $\omega \in \mathbb{R}$ とする．このとき，ラプラス変換 $\mathcal{L}\left[\frac{1}{\omega^2}(\omega t - \sin(\omega t))\right](s)$ を求めよ．

4.4.7 たたみ込み関数 (合成積) のラプラス変換

まず，たたみ込み関数 (合成積) の定義を与える．

定義 2 $0 \leq t < \infty$ で定義された区分的に連続な関数 $f(t), g(t)$ に対し，関数

$$h(t) = \int_0^t f(t-\tau)g(\tau)\,d\tau$$

を f と g のたたみ込み関数 (合成積) とよび，

$$h(t) = (f * g)(t)$$

と表す． ■

たたみ込み関数の例としては：

例 1. $f(\tau) = \tau$, $g(\tau) = \sin \tau$ とする．このとき，

$$(f * g)(t) = \int_0^t (t-\tau) \sin \tau \, d\tau$$
$$= t \int_0^t \sin \tau \, d\tau - \int_0^t \tau \sin \tau \, d\tau$$
$$= -t \cos t + t - (-t \cos t + \sin t)$$
$$= t - \sin t.$$

よって，

$$(f * g)(t) = t - \sin t$$

となる． □

例 2. $f(\tau) = e^{-\tau}$ とする．このとき，

$$(f * f)(t) = \int_0^t e^{-(t-\tau)} e^{-\tau} d\tau$$
$$= e^{-t} \int_0^t d\tau = t e^{-t}.$$

よって，

$$(f * f)(t) = t e^{-t}$$

となる． □

$f(t)$ と $g(t)$ のたたみ込み関数のラプラス変換は次のようになる (証明は付録 A.2.8 項を参照)．

たたみ込み関数のラプラス変換

命題 7 関数 $f(t)$ と $g(t)$ は定理 4.3.1 の条件を満たしているものとする．このとき，ラプラス変換 $\mathcal{L}[f * g](s)$ は，

$$\mathcal{L}[f * g](s) = \mathcal{L}[f](s) \mathcal{L}[g](s)$$

となる．

4.4 ラプラス変換の性質

これにより，2つの関数のたたみ込みという「複雑な操作」が，ラプラス変換をほどこすと，2つの関数の積という「単純な操作」に変わっていることがわかる．

> **例題 4.11** $f(t) = t$, $g(t) = \sin t$ とする．このとき，ラプラス変換 $\mathcal{L}[f * g](s)$ を求めよ．

【解】 $f(t) = t$, $g(t) = \sin t$ とする．このとき，

$$\mathcal{L}[f * g](s) = \mathcal{L}[f](s)\mathcal{L}[g](s) = \frac{1}{s^2}\frac{1}{s^2+1} = \frac{1}{s^2(s^2+1)}$$

である．よって，

$$\mathcal{L}[f * g](s) = \frac{1}{s^2(s^2+1)}$$

となる． □

●**練習問題 4.11** 次の問に答えよ．
(1) $f(t) = \sin t$, $g(t) = \cos t$ とする．このとき，ラプラス変換 $\mathcal{L}[(f * g)(t)](s)$ を求めよ．
(2) $f(t) = \sinh t$ とする．このとき，ラプラス変換 $\mathcal{L}[(f * f)(t)](s)$, $\mathcal{L}[(f * f * f)(t)](s)$ を求めよ．

4.4.8 $t^n f(t)$ のラプラス変換

まずは，ラプラス変換 $\mathcal{L}[f](s)$ を s で微分することからはじめる．

$$\mathcal{L}[f](s) = \int_0^\infty e^{-st} f(t) \, dt$$

の両辺を s で微分すると，

$$\frac{d}{ds}\mathcal{L}[f](s) = \frac{d}{ds}\int_0^\infty e^{-st} f(t) \, dt$$

となる．ここで，関数 $f(t)$ は定理 4.3.1 の条件を満たしているものとする．すると，微分操作と積分操作の順序交換が可能になる[5]ので，

---
5) 詳しくは [6] などを参照．

$$\frac{d}{ds}\mathcal{L}[f](s) = \int_0^\infty \frac{d}{ds}e^{-st}f(t)\,dt$$

$$= \int_0^\infty (-t)e^{-st}f(t)\,dt$$

となる. ゆえに,

$$\frac{d}{ds}\mathcal{L}[f](s) = -\mathcal{L}[tf(t)](s)$$

となり, したがって,

$$\mathcal{L}[tf(t)](s) = -\frac{d}{ds}\mathcal{L}[f](s)$$

となることがわかる. 同様の操作をもう一度繰り返せば,

$$\mathcal{L}[t^2 f(t)](s) = (-1)^2 \frac{d^2}{ds^2}\mathcal{L}[f](s)$$

となり, 一般には次の事実がわかる (証明は付録 A.2.9 項を参照).

── t^n 積のラプラス変換 ──

命題 8 関数 $f(t)$ が定理 4.3.1 の条件を満たしているとする. このとき,
$$\mathcal{L}[t^n f(t)](s) = (-1)^n \frac{d^n}{ds^n}\mathcal{L}[f](s), \quad \mathrm{Re}\,s > 0$$
が成り立つ. ただし, $n = 0, 1, 2, \cdots$ である.

この命題 8 を用いて, 次の例題を考えてみる.

例題 4.12 $f(t) = \sin(\omega t)$ $(0 \leqq t < \infty,\ \omega \in \mathbb{R})$ とする. このとき, ラプラス変換 $\mathcal{L}[tf(t)](s)$ を求めよ.

【解】 $f(t) = \sin(\omega t)$ $(0 \leqq t < \infty,\ \omega \in \mathbb{R})$ とする. このとき,

$$\mathcal{L}[\sin(\omega t)](s) = \frac{\omega}{s^2 + \omega^2}$$

であるので, ラプラス変換 $\mathcal{L}[tf(t)](s)$ は,

$$\mathcal{L}[tf(t)](s) = -\frac{d}{ds}\mathcal{L}[\sin(\omega t)](s) = -\frac{d}{ds}\frac{\omega}{s^2 + \omega^2} = \frac{2\omega s}{(s^2 + \omega^2)^2}$$

となる．よって，
$$\mathcal{L}[tf(t)](s) = \frac{2\omega s}{(s^2+\omega^2)^2}$$
である． □

● **練習問題 4.12** 次の問に答えよ．
(1) $f(t) = t^3 \sin(2t)$ のとき，ラプラス変換 $\mathcal{L}[f](s)$ を求めよ．
(2) $f(t) = t^2 e^{-2t}$ のとき，ラプラス変換 $\mathcal{L}[f](s)$ を求めよ．

4.4.9 ラプラス変換の性質のまとめ

ここまで登場したラプラス変換の性質を表にまとめておく．この他にも性質はまだまだあるが，複素関数論の知識をふんだんに使うので，本書ではここまでにしておく．

まずは，2つの定理を再度明記しておく．

定理 4.3.1 (再) 関数 $f(t)$ は，$0 \leq t < \infty$ において (区分的に) 連続であるとする．このとき，関数 $f(t)$ に対し

$$|f(t)| \leq Ce^{\alpha t} \tag{4.3.1}$$

となる定数 C と α が存在すれば，$\operatorname{Re} s > \alpha$ なる変数 s についてラプラス変換 $\mathcal{L}[f](s)$ が存在する．

定理 4.3.2 (再) 関数 $f(t)$ のラプラス変換 $\mathcal{L}[f](s)$ を $F(s)$ と表す．このとき，同じ $F(s)$ をラプラス変換にもつ関数は $f(t)$ のほかにはない．

次に，ラプラス変換の性質をまとめておく[6]．

---

[6] この節で登場したラプラス変換の計算も各自まとめておこう．

関数	ラプラス変換	性質
$f(t) + g(t)$	$\mathcal{L}[f(t)](s) + \mathcal{L}[g(t)](s)$	線形性
$\alpha f(t)$	$\alpha \mathcal{L}[f(t)](s) \ (\alpha \in \mathbb{C})$	線形性
$e^{at} f(t)$	$\mathcal{L}[f(t)](s-a)$	移動定理1
$f(t-a)H(t-a)$	$e^{-as}\mathcal{L}[f(t)](s)$	移動定理2
$f(at)$	$\dfrac{1}{a}\mathcal{L}[f(t)]\left(\dfrac{s}{a}\right)$	相似形
$f'(t)$	$s\mathcal{L}[f(t)](s) - f(0)$	微分 (1)
$f''(t)$	$s^2 \mathcal{L}[f](s) - sf(0) - f'(0)$	微分 (2)
$\int_0^t f(u)\,du$	$\dfrac{1}{s}\mathcal{L}[f(t)](s)$	積分
$(f * g)(t)$	$\mathcal{L}[f(t)](s)\mathcal{L}[g(t)](s)$	合成積
$t^n f(t)$	$(-1)^n \dfrac{d^n}{ds^n}\mathcal{L}[f(t)](s)$	t^n 積

4.5 微分方程式への応用 (逆ラプラス変換 $\mathcal{L}^{-1}$)

ここからは,「微分方程式を解く」ことを強く意識して,逆ラプラス変換を扱っていく.なぜ微分方程式を意識すると逆ラプラス変換なのか?

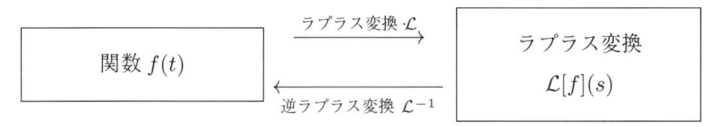

前節で学んだとおり,微分演算はラプラス変換によって積の演算に変わる.つまり,微分方程式が与えられれば,ラプラス変換することにより代数方程式に変わることが示唆される.

4.5 微分方程式への応用 (逆ラプラス変換 $\mathcal{L}^{-1}$)

```
┌─────────────┐   ラプラス変換 $\mathcal{L}$   ┌─────────────┐
│  微分方程式  │ ─────────────→ │  代数方程式  │
│   (高等的)   │ ←───────────── │   (初等的)   │
└─────────────┘  逆ラプラス変換 $\mathcal{L}^{-1}$  └─────────────┘
```

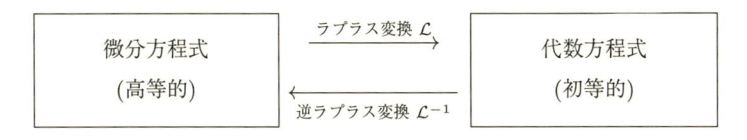

これによって，微分方程式の解 $f(t)$ を求めることは，代数方程式を満たすラプラス変換 $F(s)$ を求めることになる．

代数方程式を解くことは容易なことが多いので，微分方程式を直接解くより期待が膨らむ．そして，代数方程式の解であるラプラス変換 $F(s)$ が見事求められたとき，最後の難関が登場する．代数方程式を解いて得られたラプラス変換 $F(s)$ はあくまで代数方程式の解であり，求めたい微分方程式の解 $f(t)$ ではない．そこで，$F(s)$ から $f(t)$ を導く作業が必要になる．この作業こそが，「逆ラプラス変換 $\mathcal{L}^{-1}$」なのである．

$$f(t) = \mathcal{L}^{-1}\left(F(s)\right)(t)$$

とはいっても逆ラプラス変換の公式を得るためには，複素積分を勉強しなければならない．本書では紙幅の都合もあり，それはあきらめなければならない．そこで活躍するのが，4.3 節で登場した次の定理である．

定理 4.3.2 (再々) 関数 $f(t)$ のラプラス変換を $F(s)$ と表す．このとき，同じ $F(s)$ をラプラス変換にもつ関数は $f(t)$ のほかにはない．

つまり，代数方程式の解 $F(s)$ が「ある関数 $f(t)$ のラプラス変換」だとわかれば，この定理からほしかった微分方程式の解 $f(t)$ を得ることができるのである．具体的に次の例題をみてみよう．

例題 4.13 $y(0) = y'(0) = 0$ のとき，微分方程式
$$y'' + 4y = \sin t$$
をラプラス変換を用いて求めよ．

【解】 与えられた微分方程式の左辺をラプラス変換すると，
$$\mathcal{L}[y'' + 4y](s) = \mathcal{L}[y''](s) + 4\mathcal{L}[y](s)$$
$$= s^2 \mathcal{L}[y](s) - sy(0) - y'(0) + 4\frac{1}{s^2}$$
$$= s^2 \mathcal{L}[y](s) + \frac{4}{s^2}$$

となる．同様に，右辺をラプラス変換すると，
$$\mathcal{L}[\sin t](s) = \frac{1}{s^2+1}, \text{ Re } s > 0$$

である．よって，$s \neq 0$ より，
$$s^2 \mathcal{L}[y](s) + 4\frac{1}{s^2} = \frac{1}{s^2+1},$$
$$\therefore \mathcal{L}[y](s) = \frac{1}{s^2}\left(\frac{1}{s^2+1} - \frac{4}{s^2}\right)$$
$$= \frac{1}{s^2}\frac{-3s^2 - 4}{s^2(s^2+1)}$$
$$= \frac{-3s^2 - 4}{s^4(s^2+1)}$$

よって，
$$\mathcal{L}[y](s) = \frac{-3s^2 - 4}{s^4(s^2+1)}$$

となることがわかる．あとは，この右辺が「ある関数」のラプラス変換の形だとわかれば，その「ある関数」が求めたかった微分方程式の解 y になる（以下は，演習問題 4 (1) とする）． □

4.5 微分方程式への応用 (逆ラプラス変換 $\mathcal{L}^{-1}$)

4.5.1 逆ラプラス変換の線形性

例題 4.13 から，逆ラプラス変換の重要性が少しは理解してもらえたであろうか．では，数多くの関数のラプラス変換の結果を知らなければならないのか？知っているにこしたことはないが，闇雲に覚えても時間の無駄である．ではいっそう逆変換の公式を勉強してしまうか！ 意欲のある人は進んで勉強して逆変換の公式を得ることをお勧めする．そうすれば，本書で扱う以上の特殊関数の計算などが可能になる．では，現況ではどうするか… 冷静になってラプラス変換の基本の例の表を眺めてみると，ラプラス変換の基本の例は，すべて s 変数の有理関数になっていることに気づく．つまり，扱う関数 $f(t)$ が基本的なものから逸脱しない限り，そのラプラス変換は s の有理関数になるのである．ということは，与えられた s の有理関数が何の関数のラプラス変換なのか知っていれば基本的なレベルでは十分ということになる．

それを調べるために次の性質について考えてみよう．

逆ラプラス変換の線形性

命題 9 逆ラプラス変換 $\mathcal{L}^{-1}$ は線形変換である．つまり関数 $F(s), G(s)$ を $f(t), g(t)$ のラプラス変換とするとき，次が成り立つ．
  (1) $\mathcal{L}^{-1}(F(s) + G(s))(t) = \mathcal{L}^{-1}(F(s))(t) + \mathcal{L}^{-1}(G(s))(t)$
  (2) $\mathcal{L}^{-1}(\alpha F(s))(t) = \alpha \mathcal{L}^{-1}(F(s))(t) \quad (\alpha \in \mathbb{C})$

(証明は付録 A.2.9 項を参照されたい．)

では，この線形性の性質を用いて例題を解いてみよう．

例題 4.14 (1) $F(s) = \dfrac{1}{s(s-1)}$ のとき，$\mathcal{L}^{-1}(F(s))(t)$ を求めよ．
  (2) $F(s) = \dfrac{1}{s^2+1} + \dfrac{s}{s^2+1}$ のとき，$\mathcal{L}^{-1}(F(s))(t)$ を求めよ．
  (3) $F(s) = \dfrac{4}{s^2+16} - \dfrac{5s}{s^2-4} + \dfrac{2}{s}$ のとき，$\mathcal{L}^{-1}(F(s))(t)$ を求めよ．

【解】(1) 逆ラプラス変換の線形性より，

$$\mathcal{L}^{-1}(F(s))(t) = \mathcal{L}^{-1}\left(\frac{1}{s(s-1)}\right)(t)$$
$$= \mathcal{L}^{-1}\left(\frac{1}{s-1} - \frac{1}{s}\right)(t)$$
$$= \mathcal{L}^{-1}\left(\frac{1}{s-1}\right)(t) - \mathcal{L}^{-1}\left(\frac{1}{s}\right)(t)$$
$$= e^t - 1.$$

よって，

$$\mathcal{L}^{-1}(F(s))(t) = e^t - 1$$

となる．

(2)

$$\mathcal{L}^{-1}(F(s))(t) = \mathcal{L}^{-1}\left(\frac{1}{s^2+1} + \frac{s}{s^2+1}\right)(t)$$
$$= \mathcal{L}^{-1}\left(\frac{1}{s^2+1}\right) + \mathcal{L}^{-1}\left(\frac{s}{s^2+1}\right)(t)$$
$$= \sin t + \cos t.$$

よって，

$$\mathcal{L}^{-1}(F(s))(t) = \sin t + \cos t$$

となる．

(3) 逆ラプラス変換の線形性を用いる．

$$\mathcal{L}^{-1}(F(s))(t) = \mathcal{L}^{-1}\left(\frac{4}{s^2+16} - \frac{5s}{s^2-4} + \frac{2}{s}\right)(t)$$
$$= \mathcal{L}^{-1}\left(\frac{4}{s^2+16}\right)(t) - 5\mathcal{L}^{-1}\left(\frac{s}{s^2-4}\right)(t) + 2\mathcal{L}^{-1}\left(\frac{1}{s}\right)(t)$$
$$= \sin(4t) - 5\cosh(2t) + 2$$

となるので，

$$\mathcal{L}^{-1}(F(s))(t) = \sin(4t) - 5\cosh(2t) + 2$$

である． □

4.5 微分方程式への応用 (逆ラプラス変換 $\mathcal{L}^{-1}$)

● **練習問題 4.13** 次の関数 $F(s)$ の逆ラプラス変換 $\mathcal{L}^{-1}(F(s))(t)$ を求めよ.

(1) $F(s) = \dfrac{2!}{s^3} + \dfrac{1}{s-2}$

(2) $F(s) = \dfrac{1}{s-1} - \dfrac{1}{s^2+1}$

(3) 逆ラプラス変換 $\mathcal{L}^{-1}\left(\dfrac{s+5}{s^2+2s+5}\right)(t)$ を求めよ.

4.5.2 有理関数の逆ラプラス変換

複素変数 s の関数 $F(s)$ が有理関数のとき,

$$F(s) = \frac{P(s)}{Q(s)}$$

とおく. ここで, $P(s), Q(s)$ は共通因子のない s の多項式で, $P(s)$ の次数は $Q(s)$ の次数より低いとする. このとき, 逆ラプラス変換 $\mathcal{L}^{-1}(F(s))(t)$ を求めるには, 次のように $F(s)$ を「部分分数分解」し, 逆ラプラス変換の線形性を用いて, 逆ラプラス変換を実行しやすいように変形していく.

(1) <u>$Q(s) = 0$ が重解とならない解 a_k ($k = 1, 2, \cdots, n$) のみをもつ場合.</u>

このとき, $F(s) = \dfrac{P(s)}{Q(s)}$ は,

$$\begin{aligned}F(s) &= \frac{P(s)}{Q(s)} \\ &= \frac{c_1}{s-a_1} + \frac{c_2}{s-a_2} + \cdots + \frac{c_n}{s-a_n}\end{aligned}$$

と表せる. このとき,

$$\begin{aligned}\lim_{s \to a_k}(s-a_k)F(s) &= \lim_{s \to a_k}(s-a_k)\left(\frac{c_1}{s-a_1} + \frac{c_2}{s-a_2} + \cdots + \frac{c_n}{s-a_n}\right) \\ &= c_k \quad (k = 1, 2, \cdots, n)\end{aligned}$$

となる. 一方で,

$$\mathcal{L}^{-1}\left(\frac{1}{s-a_k}\right) = e^{a_k t}$$

なので, 逆ラプラス変換の線形性より,

$$\mathcal{L}^{-1}(F(s))(t) = \mathcal{L}^{-1}\left(\frac{c_1}{s-a_1} + \frac{c_2}{s-a_2} + \cdots + \frac{c_n}{s-a_n}\right)(t)$$

$$= c_1 \mathcal{L}^{-1}\left(\frac{1}{s-a_1}\right)(t) + c_2 \mathcal{L}^{-1}\left(\frac{1}{s-a_2}\right)(t) + \cdots$$
$$+ c_n \mathcal{L}^{-1}\left(\frac{1}{s-a_n}\right)(t)$$
$$= c_1 e^{a_1 t} + c_2 e^{a_2 t} + \cdots + c_n e^{a_n t}$$
$$= \sum_{k=1}^{n} c_k e^{a_k t}$$

となる．以上より，$Q(s) = 0$ が重解とならない解 a_k $(k = 1, 2, \cdots, n)$ のみをもつときは，$F(s)$ の逆ラプラス変換 $\mathcal{L}^{-1}(F(s))(t)$ は，

$$\mathcal{L}^{-1}(F(s))(t) = \sum_{k=1}^{n} c_k e^{a_k t}$$

となる．ここで，c_k は，

$$c_k = \lim_{s \to a_k}(s - a_k)F(s)$$

で求めることができる．

注意 このことは複素関数論の言葉でいうと，$a_1, a_2, \cdots, a_n$ が関数 $F(s)$ の 1 位の極で，$c_1, \cdots, c_n$ がそこでの留数を表すことになる． ■

(2) $\underline{Q(s) = 0 \text{ が重根 (重解) } a \text{ をもつ場合}}$.

いま，$Q(s) = 0$ が n 重解 a をもつとする．このとき，$F(s)$ は，

$$F(s) = \frac{P(s)}{Q(s)}$$
$$= \frac{c_1}{s-a} + \frac{c_2}{(s-a)^2} + \cdots + \frac{c_n}{(s-a)^n} + G(s)$$

と表せる．ただし，関数 $G(s)$ は，分母に $s-a$ を含まない関数とする．この両辺に $(s-a)^n$ をかけると，

$$(s-a)^n F(s) = c_1(s-a)^{n-1} + c_2(s-a)^{n-2} + \cdots$$
$$+ c_{n-1}(s-a) + c_n + (s-a)^n G(s) \qquad (4.5.1)$$

となる．このとき，$s \to a$ とすると，

$$c_n = \lim_{s \to a}(s-a)^n F(s)$$

4.5 微分方程式への応用 (逆ラプラス変換 $\mathcal{L}^{-1}$)

となることがわかる．式 (4.5.1) の両辺を s で 1 回微分すると,

$$\frac{d}{ds}\{(s-a)^n F(s)\} = (n-1)c_1(s-a)^{n-2} + (n-2)c_2(s-a)^{n-3} + \cdots$$
$$+ c_{n-1} + \frac{d}{ds}\{(s-a)^n G(s)\}$$
$$= (n-1)c_1(s-a)^{n-2} + (n-2)c_2(s-a)^{n-3} + \cdots$$
$$+ c_{n-1} + n(s-a)^{n-1}G(s) + (s-a)^n \frac{d}{ds}G(s)$$

となるので，$s \to a$ のとき,

$$c_{n-1} = \lim_{s \to a} \frac{d}{ds}\{(s-a)^n F(s)\}$$

となる．これを繰り返すと,

$$c_k = \frac{1}{(n-k)!} \lim_{s \to a} \frac{d^{n-k}}{ds^{n-k}}\{(s-a)^n F(s)\}$$

となる．一方で,

$$\mathcal{L}^{-1}\left(\frac{1}{(s-a)^k}\right)(t) = e^{at} \frac{t^{k-1}}{(k-1)!} \tag{4.5.2}$$

となるので，逆ラプラス変換の線形性より

$$\mathcal{L}^{-1}(F(s))(t) = \mathcal{L}^{-1}\left(\frac{c_1}{s-a} + \frac{c_2}{(s-a)^2} + \cdots + \frac{c_n}{(s-a)^n} + G(s)\right)(t)$$
$$= c_1 \mathcal{L}^{-1}\left(\frac{1}{s-a}\right)(t) + c_2 \mathcal{L}^{-1}\left(\frac{1}{(s-a)^2}\right)(t) + \cdots$$
$$+ c_n \mathcal{L}^{-1}\left(\frac{1}{(s-a)^n}\right)(t) + \mathcal{L}^{-1}(G(s))(t)$$
$$= c_1 e^{at} + c_2 e^{at} t + \cdots + c_n \frac{t^{n-1}}{(n-1)!} + \mathcal{L}^{-1}(G(s))(t)$$

となる．よって,

$$\mathcal{L}^{-1}(F(s))(t) = c_1 e^{at} + c_2 e^{at} t + \cdots + c_n \frac{t^{n-1}}{(n-1)!} + \mathcal{L}^{-1}(G(s))(t)$$

となることがわかる．

以上をまとめると，次のことがわかったことになる．

―― 有理関数の逆ラプラス変換 ――

命題 10 (1) $Q(s) = 0$ が重解とならない解 $a_k\,(k=1,2,\cdots,n)$ のみをもつ場合，$F(s)$ の逆ラプラス変換 $\mathcal{L}^{-1}(F(s))(t)$ は，

$$\mathcal{L}^{-1}(F(s))(t) = \sum_{k=1}^{n} c_k e^{a_k t}$$

となる．ここで，c_k は，

$$c_k = \lim_{s \to a_k}(s - a_k)F(s)$$

である．

(2) $Q(s) = 0$ が重根 (重解) a をもつ場合，$F(s)$ の逆ラプラス変換 $\mathcal{L}^{-1}(F(s))(t)$ は，

$$\mathcal{L}^{-1}(F(s))(t) = c_1 e^{at} + c_2 e^{at} t + \cdots + c_n \frac{t^{n-1}}{(n-1)!} + \mathcal{L}^{-1}(G(s))(t)$$

となる．ここで，c_k は，

$$c_k = \frac{1}{(n-k)!} \lim_{s \to a} \frac{d^{n-k}}{ds^{n-k}}\{(s-a)^n F(s)\}$$

で，関数 $G(s)$ は分母に $s - a$ を含まない関数とする．

例題 4.15 (1) $F(s) = \dfrac{3}{(s-2)(s+1)}$ のとき，逆ラプラス変換 $\mathcal{L}^{-1}(F(s))(t)$ を求めよ．

(2) $F(s) = \dfrac{1}{s^2(s-1)}$ のとき，逆ラプラス変換 $\mathcal{L}^{-1}(F(s))(t)$ を求めよ．

(3) $F(s) = \dfrac{2s^2 - 5s + 5}{(s-1)(s+3)^2}$ のとき，逆ラプラス変換 $\mathcal{L}^{-1}(F(s))(t)$ を求めよ．

【解】 (1) $P(s) = 3$, $Q(s) = (s-2)(s+1)$ より，

$$F(s) = \frac{c_1}{s-2} + \frac{c_2}{s+1}$$

と表すことができる．

$$c_1 = \lim_{s \to 2}(s-2)F(s) = \lim_{s \to 2}\frac{3}{s+1} = 1,$$

4.5 微分方程式への応用 (逆ラプラス変換 $\mathcal{L}^{-1}$)

$$c_2 = \lim_{s \to -1} F(s) = \lim_{s \to -1} \frac{3}{s-2} = -1$$

となるので,

$$F(s) = \frac{1}{s-2} - \frac{1}{s+1}$$

となる. よって, 逆ラプラス変換の線形性より

$$\mathcal{L}^{-1}(F(s))(t) = \mathcal{L}^{-1}\left(\frac{1}{s-2} - \frac{1}{s+1}\right)(t)$$
$$= \mathcal{L}^{-1}\left(\frac{1}{s-2}\right)(t) - \mathcal{L}^{-1}\left(\frac{1}{s+1}\right)(t)$$
$$= e^{2t} - e^{-t}.$$

よって,

$$\mathcal{L}^{-1}(F(s))(t) = e^{2t} - e^{-t}.$$

【別解】

$$\frac{A}{s-2} - \frac{B}{s+1} = \frac{(A-B)s + (2A+B)}{(s-2)(s+1)} = \frac{3}{(s-2)(s+1)}$$

より,

$$A = B = 1$$

となるので, $F(s) = \dfrac{3}{(s-2)(s+1)}$ は,

$$F(s) = \frac{3}{(s-2)(s+1)} = \frac{1}{s-2} - \frac{1}{s+1}$$

と部分分数分解が可能である. あとは, 逆ラプラス変換の線形性を用いて,

$$\mathcal{L}^{-1}(F(s))(t) = e^{2t} - e^{-t}$$

を得る.

(2) $P(s) = 1$, $Q(s) = s^2(s-1)$ より,

$$F(s) = \frac{c_1}{s} + \frac{c_2}{s^2} + \frac{b_1}{s-1}$$

と表すことができる.

$$c_1 = \lim_{s \to 0} \frac{d}{ds}\left\{s^2 \times \frac{1}{s^2(s-1)}\right\} = \lim_{s \to 0} \frac{-1}{(s-1)^2} = -1,$$

$$c_2 = \lim_{s \to 0} s^2 \times \frac{1}{s^2(s-1)} = -1,$$

$$b_1 = \lim_{s \to 1}(s-1) \times \frac{1}{s^2(s-1)} = 1$$

となるので,

$$F(s) = \frac{-1}{s} + \frac{-1}{s^2} + \frac{1}{s-1}$$

となる. よって, 逆ラプラス変換の線形性より

$$\mathcal{L}^{-1}(F(s))(t) = \mathcal{L}^{-1}\left(\frac{-1}{s} + \frac{-1}{s^2} + \frac{1}{s-1}\right)(t)$$

$$= -\mathcal{L}^{-1}\left(\frac{1}{s}\right)(t) - \mathcal{L}^{-1}\left(\frac{1}{s^2}\right)(t) + \mathcal{L}^{-1}\left(\frac{1}{s-1}\right)(t)$$

$$= -1 - t + e^t.$$

よって,

$$\mathcal{L}^{-1}(F(s))(t) = -1 - t + e^t.$$

(3) $P(s) = 2s^2 - 5s + 5$, $Q(s) = (s-1)(s+3)^2$ であるので,

$$F(s) = \frac{c_1}{s+3} + \frac{c_2}{(s+3)^2} + \frac{b_1}{s-1}$$

と表すことができる.

$$c_1 = \lim_{s \to -3} \frac{d}{ds}\{(s+3)^2 F(s)\} = \lim_{s \to -3} \frac{d}{ds}\left\{\frac{2s^2 - 5s + 5}{s-1}\right\}$$

$$= \lim_{s \to -3} \frac{2s^2 - 4s}{(s-1)^2} = \frac{15}{8},$$

$$c_2 = \lim_{s \to -3}(s+3)^2 F(s) = \lim_{s \to -3} \frac{2s^2 - 5s + 5}{s-1} = -\frac{38}{4},$$

$$b_1 = \lim_{s \to 1}(s-1)F(s) = \lim_{s \to 1} \frac{2s^2 - 5s + 5}{(s+3)^2} = \frac{1}{8}$$

となるので, 逆ラプラス変換 $\mathcal{L}^{-1}(F(s))(t)$ は, 逆ラプラス変換の線形性と (4.5.2) より

$$\mathcal{L}^{-1}(F(s))(t) = \mathcal{L}^{-1}\left(\frac{c_1}{s+3} + \frac{c_2}{(s+3)^2} + \frac{b_1}{s-1}\right)(t)$$

4.5 微分方程式への応用 (逆ラプラス変換 $\mathcal{L}^{-1}$)

$$= c_1 \mathcal{L}^{-1}\left(\frac{1}{s+3}\right)(t) + c_2 \mathcal{L}^{-1}\left(\frac{1}{(s+3)^2}\right)(t) + b_1 \mathcal{L}^{-1}\left(\frac{1}{s-1}\right)(t)$$

$$= c_1 e^{-3t} + c_2 e^{-3t} t + b_1 e^t$$

となるので,

$$\mathcal{L}^{-1}(F(s))(t) = \frac{15}{8} e^{-3t} - \frac{38}{4} t e^{-3t} + \frac{1}{8} e^t$$

となる. □

● **練習問題 4.14** 次の問に答えよ.

(1) 逆ラプラス変換 $\mathcal{L}^{-1}\left(\dfrac{2}{s^3} - \dfrac{1}{4s}\right)(t)$ を求めよ.

(2) 逆ラプラス変換 $\mathcal{L}^{-1}\left(\dfrac{s}{s^2+3}\right)(t)$ を求めよ.

(3) 逆ラプラス変換 $\mathcal{L}^{-1}\left(\dfrac{s+2}{(s-1)^2 s^3}\right)(t)$ を求めよ.

4.5.3 ラプラス変換と微分方程式

ここまでの準備を終えると, いよいよ微分方程式をラプラス変換を用いて解くことができる.

例題 4.16 次の微分方程式を解け.
$$y'(t) - 2y(t) = e^{-2t}, \quad y(0) = 1.$$

【解】 微分方程式 $y'(t) - 2y(t) = e^{-2t}$ の両辺をラプラス変換する. まず左辺をラプラス変換すると, $y(0) = 1$ より,

$$\mathcal{L}[y'(t) - 2y(t)](s) = \mathcal{L}[y'(t)](s) - 2\mathcal{L}[y(t)](s)$$
$$= s\mathcal{L}[y(t)](s) - y(0) - 2\mathcal{L}[y(t)](s)$$
$$= (s-2)\mathcal{L}[y(t)](s) - 1$$

となる. 次に右辺をラプラス変換すると

$$\mathcal{L}[e^{-2t}](s) = \frac{1}{s+2}$$

となるので，与えられた微分方程式は，
$$(s-2)\mathcal{L}[y(t)](s) - 1 = \frac{1}{s+2}, \quad \mathrm{Re}\, s > 2$$
となる．よってこの代数方程式を解いて，
$$\mathcal{L}[y(t)](s) = \frac{s+3}{(s-2)(s+2)}$$
となる．これは普通に部分分数分解できて，
$$\mathcal{L}[y(t)](s) = \frac{s+3}{(s-2)(s+2)} = \frac{1}{4}\left(\frac{5}{s-2} - \frac{1}{s+2}\right)$$
となるので，この右辺の逆ラプラス変換を求めてみると，逆ラプラス変換の線形性より
$$\mathcal{L}^{-1}\left(\frac{1}{4}\left(\frac{5}{s-2} - \frac{1}{s+2}\right)\right)(t) = \frac{1}{4}\left(5\mathcal{L}^{-1}\left(\frac{1}{s-2}\right)(t) - \mathcal{L}^{-1}\left(\frac{1}{s+2}\right)(t)\right)$$
$$= \frac{1}{4}(5e^{2t} - e^{-2t})$$
となるので，
$$y(t) = \frac{1}{4}(5e^{2t} - e^{-2t})$$
を得る． □

● **練習問題 4.15** 微分方程式 $y'(t) + y(t) = \cos t,\ y(0) = 0$ を解け．

例題 4.17 次の微分方程式を解け．
$$y''(t) + y'(t) = H(t-1) \qquad (y(0) = 1,\ y'(0) = 0)$$

【解】 微分方程式
$$y''(t) + y'(t) = H(t-1)$$
の両辺をラプラス変換する．このとき，左辺のラプラス変換は
$$\mathcal{L}[y''(t) + y'(t)](s) = \mathcal{L}[y''(t)](s) + \mathcal{L}[y'(t)](s)$$
$$= s^2\mathcal{L}[y(t)](s) - y'(0) - sy(0) + s\mathcal{L}[y(t)](s) - y(0)$$
$$= s(s+1)\mathcal{L}[y(t)](s) - s - 1$$

4.5 微分方程式への応用 (逆ラプラス変換 $\mathcal{L}^{-1}$)

となり，右辺のラプラス変換は，

$$\mathcal{L}[H(t-1)](s) = \frac{e^{-s}}{s}$$

であるので，微分方程式は代数方程式

$$s(s+1)\mathcal{L}[y(t)](s) - s - 1 = \frac{e^{-s}}{s}$$

に変わる．これを解くと，

$$\mathcal{L}[y(t)](s) = \frac{1}{s} + \frac{e^{-s}}{s^2(s+1)}$$

となる．いま，

$$\frac{1}{s^2(s+1)} = \frac{c_1}{s} + \frac{c_2}{s^2} + \frac{b_1}{s+1}$$

と表すことができる．このとき，

$$c_1 = \lim_{s \to 0} \frac{d}{ds}\left\{\frac{-1}{(s+1)^2}\right\} = -1,$$

$$c_2 = \lim_{s \to 0} s^2 F(s) = \lim_{s \to 0} \frac{1}{s+1} = 1,$$

$$b_1 = \lim_{s \to -1}(s+1)F(s) = \lim_{s \to -1}\frac{1}{s^2} = 1$$

なので，

$$\frac{1}{s^2(s+1)} = \frac{-1}{s} + \frac{1}{s^2} + \frac{1}{s+1}$$

となる．よって，

$$\mathcal{L}^{-1}\left(\frac{1}{s^2(s+1)}\right)(t) = \mathcal{L}^{-1}\left(\frac{-1}{s} + \frac{1}{s^2} + \frac{1}{s+1}\right)(t)$$

$$= -\mathcal{L}^{-1}\left(\frac{1}{s}\right)(t) + \mathcal{L}^{-1}\left(\frac{1}{s^2}\right)(t) + \mathcal{L}^{-1}\left(\frac{1}{s+1}\right)(t)$$

$$= -1 + t + e^{-t}$$

となるので，

$$\mathcal{L}^{-1}\left(\frac{e^{-s}}{s^2(s+1)}\right)(t) = H(t-1)(-1 + (t-1) + e^{-(t-1)})$$

$$= H(t-1)(t - 2 + e^{-(t-1)})$$

となる．これより，
$$y(t) = \mathcal{L}^{-1}\left(\frac{1}{s}\right)(t) + \mathcal{L}^{-1}\left(\frac{e^{-s}}{s^2(s+1)}\right)(t)$$
$$= 1 + H(t-1)(t-2+e^{-t+1})$$
となる． □

● **練習問題 4.16** 次の微分方程式を解け．
(1) $y''(t) + y(t) = 0$　　$(y(0) = 2, \; y'(0) = 3)$
(2) $y''(t) - 3y'(t) + 2y(t) = e^{-t}$　　$(y(0) = 0, \; y'(0) = 1)$

例題 4.18 定数係数の線形連立微分方程式
$$\begin{cases} x'(t) + y'(t) + x(t) + y(t) = 1 \\ y'(t) - 2x(t) - y(t) = 0 \end{cases}$$
を初期条件 $x(0) = 0, y(0) = 1$ として解け．

【解】 微分方程式
$$x'(t) + y'(t) + x(t) + y(t) = 1$$
の両辺をラプラス変換する．左辺をラプラス変換すると，$x(0) = 0, y(0) = 1$ より
$$\mathcal{L}[x'(t) + y'(t) + x(t) + y(t)](s)$$
$$= \mathcal{L}[x'(t)](s) + \mathcal{L}[y'(t)](s) + \mathcal{L}[x(t)](s) + \mathcal{L}[y(t)](s)$$
$$= s\mathcal{L}[x(t)](s) - x(0) + s\mathcal{L}[y(t)](s) - y(0) + \mathcal{L}[x(t)](s) + \mathcal{L}[y(t)](s)$$
$$= (s+1)\mathcal{L}[x(t)](s) + (s+1)\mathcal{L}[y(t)](s) - 1$$
となる．右辺のラプラス変換は，
$$\mathcal{L}[1](s) = \frac{1}{s}$$
であるので，この微分方程式は，代数方程式

4.5 微分方程式への応用 (逆ラプラス変換 $\mathcal{L}^{-1}$)

$$(s+1)\mathcal{L}[x(t)](s) + (s+1)\mathcal{L}[y(t)](s) - 1 = \frac{1}{s} \quad (4.5.3)$$

に変わる.

同様にして,微分方程式 $y'(t) - 2x(t) - y(t) = 0$ の両辺をラプラス変換すると,

$$-2\mathcal{L}[x(t)](s) + (s-1)\mathcal{L}[y(t)](s) - 1 = 0 \quad (4.5.4)$$

となる.

よって,これ以降は (4.5.3), (4.5.4) より,連立方程式

$$\begin{cases} (s+1)\mathcal{L}[x(t)](s) + (s+1)\mathcal{L}[y(t)](s) - 1 = \dfrac{1}{s} \\ -2\mathcal{L}[x(t)](s) + (s-1)\mathcal{L}[y(t)](s) - 1 = 0 \end{cases}$$

を考えればよい. ゆえに,

$$\begin{cases} (s^2-1)\mathcal{L}[x(t)](s) + (s^2-1)\mathcal{L}[y(t)](s) - (s-1) = \dfrac{s-1}{s} \\ -2(s+1)\mathcal{L}[x(t)](s) + (s^2-1)\mathcal{L}[y(t)](s) - (s+1) = 0 \end{cases}$$

から,$\mathcal{L}[y(t)](s)$ を消去して $\mathcal{L}[x(t)](s)$ を求めると,

$$\mathcal{L}[x(t)](s) = \frac{-1}{s} + \frac{1}{s+1}$$

となる. この両辺の逆ラプラス変換を求めることにより,

$$x(t) = e^t - 1$$

とわかる. また,

$$\mathcal{L}[x(t)](s) = \frac{-1}{s} + \frac{1}{s+1}$$

から, (4.5.4) より,

$$\mathcal{L}[y(t)](s) = \frac{s+2}{s(s+1)}$$

が求まり,この両辺の逆ラプラス変換を計算することで,

$$y(t) = -e^{-t} + 2$$

とわかる. 以上より,

$$x(t) = e^t - 1, \qquad y(t) = -e^{-t} + 2$$

が求める解となる. □

● **練習問題 4.17** 次の連立微分方程式を初期条件 $x(0) = 2$, $y(0) = 0$ として解け.

$$\begin{cases} x'(t) + 2x(t) + y(t) = 2 \\ y'(t) + x(t) + 2y(t) = 1 \end{cases}$$

例題 4.19 次の積分方程式を解け.
$$y(t) = e^t + \int_0^t y(\tau)(t - \tau)\, d\tau$$

【解】 $y(t) = e^t + \displaystyle\int_0^t y(\tau)(t - \tau)\, d\tau$ の両辺をラプラス変換すると,

$$F(s) = \frac{1}{s-1} + \frac{F(s)}{s^2}$$

を得る. よって,

$$F(s) = \frac{s^2}{s^2 - 1} \times \frac{1}{s-1} = \frac{s^2}{(s-1)^2(s+1)}$$

となる. いま,

$$F(s) = \frac{c_1}{s-1} + \frac{c_2}{(s-1)^2} + \frac{b_1}{(s+1)}$$

とおくと,

$$c_1 = \lim_{s \to 1} \frac{d}{ds}\left\{(s-1)^2 \times \frac{s^2}{(s-1)^2(s+1)}\right\}$$

$$= \lim_{s \to 1} \frac{s^2 + 2s}{(s+1)^2} = \frac{3}{4},$$

$$c_2 = \lim_{s \to 1}(s-1)^2 \times \frac{s^2}{(s-1)^2(s+1)} = \frac{1}{2},$$

$$b_1 = \lim_{s \to -1}(s+1) \times \frac{s^2}{(s-1)^2(s+1)} = \frac{1}{4}$$

より,

$$F(s) = \frac{3}{4}\frac{1}{s-1} + \frac{1}{2}\frac{1}{(s-1)^2} + \frac{1}{4}\frac{1}{s+1}$$

となる. 逆ラプラス変換の線形性より,

4.5 微分方程式への応用 (逆ラプラス変換 $\mathcal{L}^{-1}$)

$$y(t) = \frac{3}{4}e^t + \frac{1}{2}te^t + \frac{1}{4}e^{-t}$$

となる. □

● **練習問題 4.18** 次の積分方程式を解け.

$$y(t) = e^t + \int_0^t \sin(t-\tau)y(\tau)\,d\tau$$

例題 4.20 次の連立微分方程式

$$\begin{cases} x''(t) - y''(t) = e^t \\ 2x''(t) - y''(t) - 2x'(t) + y(t) = t \end{cases} \quad (4.5.5)$$

を解け. ただし, 初期条件は $\begin{cases} x(0) = x'(0) = 0 \\ y(0) = y'(0) = 0 \end{cases}$ とする.

【解】 連立微分方程式 (4.5.5) の第 1 式の両辺をラプラス変換すると,

$$s^2 X(s) - sx(0) - x'(0) - \{s^2 Y(s) - sy(0) - y'(0)\} = \frac{1}{s-1}$$

となる. よって, 初期条件を代入して整理すると,

$$s^2 X(s) - s^2 Y(s) = \frac{1}{s-1}$$

となり,

$$X(s) - Y(s) = \frac{1}{s^2(s-1)} \quad (4.5.6)$$

となる.

同様に, (4.5.5) の第 2 式に関しても, 両辺をラプラス変換し初期条件を代入して整理すると,

$$2sX(s) - (s+1)Y(s) = \frac{1}{s^2(s-1)} \quad (4.5.7)$$

となる.

よって，$(4.5.7) - 2s \times (4.5.6)$ を計算すると，
$$(s-1)Y(s) = \frac{1-2s}{s^2(s-1)}$$
となり，
$$Y(s) = \frac{1-2s}{s^2(s-1)^2}$$
を得る．いま，
$$Y(s) = \frac{c_1}{s} + \frac{c_2}{s^2} + \frac{d_1}{s-1} + \frac{d_2}{(s-1)^2}$$
とすると，
$$c_1 = \lim_{s \to 0} \frac{d}{ds}\left\{s^2 \times \frac{1-2s}{s^2(s-1)^2}\right\} = 0,$$
$$c_2 = \lim_{s \to 0} s^2 \times \frac{1-2s}{s^2(s-1)^2} = 1,$$
$$d_1 = \lim_{s \to 1} \frac{d}{ds}\left\{(s-1)^2 \times \frac{1-2s}{s^2(s-1)^2}\right\} = 0,$$
$$d_2 = \lim_{s \to 1} (s-1)^2 \times \frac{1-2s}{s^2(s-1)^2} = -1$$
となるので，$Y(s)$ は，
$$Y(s) = \frac{1}{s^2} - \frac{1}{(s-1)^2}$$
となる．よって，逆ラプラス変換の線形性より，
$$y(t) = t - te^t$$
となる．一方で，$(4.5.6)$ より，
$$X(s) = Y(s) + \frac{1}{s^2(s-1)}$$
$$= \frac{1}{s^2} - \frac{1}{(s-1)^2} - \frac{1}{s} - \frac{1}{s^2} + \frac{1}{s-1}$$
$$= -\frac{1}{(s-1)^2} - \frac{1}{s} + \frac{1}{s-1}$$
となるので，逆ラプラス変換の線形性より，
$$x(t) = e^t - te^t - 1$$

を得る．以上より，与えられた連立微分方程式の解は

$$\begin{cases} x(t) = e^t - te^t - 1 \\ y(t) = t - te^t \end{cases}$$

となる． □

● **練習問題 4.19** 次の連立微分方程式

$$\begin{cases} x''(t) - y''(t) + y'(t) - x(t) = -e^t + 2 \\ 2x''(t) - y''(t) - 2x'(t) + y(t) = t \end{cases}$$

を解け．ただし，初期条件は $\begin{cases} x(0) = x'(0) = 0 \\ y(0) = y'(0) = 0 \end{cases}$ とする．

4.6 章末問題

1. $\alpha \in \mathbb{C}$ とする．このとき，次を示せ．
$$\mathcal{L}[\alpha f(t)](s) = \alpha \mathcal{L}[f(t)](s)$$

2. $\alpha \in \mathbb{C}$ とする．このとき，次を示せ．
$$\mathcal{L}^{-1}(\alpha F(s))(t) = \alpha \mathcal{L}^{-1}(F(s))(t)$$

3. 次の関数のラプラス変換を求めよ．
(1) $f(t) = t^2 + 2t + 3$
(2) $f(t) = e^{-2t} \sin(3t)$
(3) $f(t) = \sinh(\omega t) \ (\omega \in \mathbb{R})$
(4) $f(t) = t^2 \cos(3t)$
(5) $f(t) = \sin t,\ g(t) = \dfrac{\sin(2t)}{2}$ のとき，$h(t) = (f * g)(t)$
(6) $f(t) = \sin(4t) - 5\cosh(2t) + 2$
(7) $f(t) = \cos\{2(t-2)\}H(t-2)$
(8) $f(t) = \sin^2 t$

4. 次の関数の逆ラプラス変換を求めよ．
(1) $F(s) = \dfrac{-3s^2 - 4}{s^4(s^2 + 1)}$
(2) $F(s) = \dfrac{1}{(s^2 + 1)(s^2 + 4)}$

(3) $F(s) = \dfrac{1}{s^4 - 6s^3 + 11s^2 - 6s}$

(4) $F(s) = \dfrac{2s - 1}{s^2(s - 1)^2}$

(5) $F(s) = \dfrac{e^{-as}}{s^3}$

5. $f(t) = \begin{cases} 1 & (0 \leqq t < a) \\ 0 & (t \geqq a) \end{cases}$ とするとき，ラプラス変換 $\mathcal{L}[f(t)](s)$ を求めよ．

6. 次の問に答えよ．

(1) いま，関数 $f(t)$ は周期 $p > 0$ をもつ周期関数で，区間 $0 \leqq t < p$ において区分的連続な関数とする．このとき，周期関数 $f(t)$ のラプラス変換を求めよ．

(2) 関数 $f(t)$ は周期 $2a$ の周期関数とする．いま，区間 $0 \leqq t < 2a$ において $f(t)$ は

$$f(t) = \begin{cases} 1 & (0 \leqq t < a), \\ -1 & (a \leqq t < 2a) \end{cases}$$

と定義されているとする．このとき，周期関数 $f(t)$ のラプラス変換を求めよ．

7. $s > 0, \lambda > -1$ とする．このとき，ラプラス変換 $\mathcal{L}[t^\lambda](s)$ を求めよ．

8. $s > 0$ とする．このとき，ラプラス変換 $\mathcal{L}[\log t](s)$ を求めよ．

9. $y(0) = y'(0) = 0$ のとき，次の微分方程式を解け．

$$y'' + 4y = \sin t$$

10. $y + \displaystyle\int_0^t y(\tau)\,d\tau = e^{-t}\ (t \geqq 0)$ を満たす y を求めよ．

11. $f(t) = 1 - e^{-ct}\ (c > 0)$ とし，$\varphi(t) = f'(t)$ とする．いま，

$$g(t) = \int_0^t (\varphi^{*n}(\tau) - \varphi^{*(n+1)}(\tau))\,d\tau$$

とするとき，この $g(t)$ を具体的に求めよ．ただし，関数 $\varphi^{*n}(t)$ は関数 $\varphi(t)$ の n 個の合成積を表す．

A
付　　録

A.1　線形代数学の基本事項の復習と第2章の定理の解説・証明

A.1.1　線形代数学の基本事項の復習

A を n 次正方行列とする：

$$A = \begin{pmatrix} a_{11} & a_{12} & \cdots & a_{1n} \\ a_{21} & a_{22} & \cdots & a_{2n} \\ \multicolumn{4}{c}{\dotfill} \\ a_{n1} & a_{n2} & \cdots & a_{nn} \end{pmatrix}. \quad (\text{A.1.1})$$

数 α と n 次元ベクトル $\boldsymbol{v} = \begin{pmatrix} v_1 \\ v_2 \\ \vdots \\ v_n \end{pmatrix}$ が

$$A\boldsymbol{v} = \alpha \boldsymbol{v} \quad (\boldsymbol{v} \neq \boldsymbol{0}) \quad (\text{A.1.2})$$

を満たすとき，α を A の**固有値**，$\boldsymbol{v}$ を固有値 α に対する**固有ベクトル**という．

固有値は，次の行列式を用いて書かれる固有方程式の解として得られる：

$$\varphi_A(\lambda) \equiv |\lambda E_n - A|$$

$$= \begin{vmatrix} \lambda - a_{11} & -a_{12} & \ldots & -a_{1n} \\ -a_{21} & \lambda - a_{22} & \ldots & -a_{2n} \\ \multicolumn{4}{c}{\dotfill} \\ -a_{n1} & -a_{n2} & \ldots & \lambda - a_{nn} \end{vmatrix} = 0. \qquad (A.1.3)$$

ただし，E_n は，n 次の単位行列である：

$$E_n = \begin{pmatrix} 1 & 0 & \ldots & 0 \\ 0 & 1 & \ldots & 0 \\ \multicolumn{4}{c}{\dotfill} \\ 0 & 0 & \ldots & 1 \end{pmatrix}.$$

(A.1.3) は，未知数を λ とする n 次 (代数) 方程式であるから，(複素数解を認めて) 重解を含め n 個の解をもつ．その1つを α_1 としよう．固有値 α_1 に対する固有ベクトル $\boldsymbol{v}_1 = \begin{pmatrix} v_{11} \\ v_{21} \\ \vdots \\ v_{n1} \end{pmatrix}$ は (A.1.2) により次の式を満たすベクトルとして求まる：

$$\begin{pmatrix} \alpha_1 - a_{11} & -a_{12} & \ldots & -a_{1n} \\ -a_{21} & \alpha_1 - a_{22} & \ldots & -a_{2n} \\ \multicolumn{4}{c}{\dotfill} \\ -a_{n1} & -a_{n2} & \ldots & \alpha_1 - a_{nn} \end{pmatrix} \begin{pmatrix} v_{11} \\ v_{21} \\ \vdots \\ v_{n1} \end{pmatrix} = \begin{pmatrix} 0 \\ 0 \\ \vdots \\ 0 \end{pmatrix}. \qquad (A.1.4)$$

A.1 線形代数学の基本事項の復習と第 2 章の定理の解説・証明

──── A を対角化する正則行列 P の求め方 ────

(A.1.3) を解いて，固有値 $\alpha_1, \ldots, \alpha_n$ (重解も含めて書き並べる) を求める．この固有値に対し (A.1.4) により固有ベクトルを求める．

もし，1 次独立な n 個の固有ベクトル

$$\boldsymbol{v}_1 = \begin{pmatrix} v_{11} \\ v_{21} \\ \vdots \\ v_{n1} \end{pmatrix}, \quad \boldsymbol{v}_2 = \begin{pmatrix} v_{12} \\ v_{22} \\ \vdots \\ v_{n2} \end{pmatrix}, \ldots, \boldsymbol{v}_n = \begin{pmatrix} v_{1n} \\ v_{2n} \\ \vdots \\ v_{nn} \end{pmatrix}$$

が存在すれば (かつ，そのときに限り) A は次の行列 P を用いて対角化できる：

$$P = \begin{pmatrix} v_{11} & v_{12} & \ldots & v_{1n} \\ v_{21} & v_{22} & \ldots & v_{2n} \\ \multicolumn{4}{c}{\ldots\ldots\ldots\ldots\ldots} \\ v_{n1} & v_{n2} & \ldots & v_{nn} \end{pmatrix}. \tag{A.1.5}$$

このとき，A は，P とその逆行列 P^{-1} により，次の形に対角化される：

$$P^{-1}AP = \begin{pmatrix} \alpha_1 & 0 & \ldots & 0 \\ 0 & \alpha_2 & \ldots & 0 \\ \multicolumn{4}{c}{\ldots\ldots\ldots\ldots} \\ 0 & 0 & \ldots & \alpha_n \end{pmatrix}. \tag{A.1.6}$$

A.1.2　1 次独立な解，解の存在と一意性

本節では，2.1 節に掲げた線形常微分方程式に関する基本定理 2.1.1, 2.1.2, 2.1.3, 2.1.4 の証明を簡潔に与える．同節におけるもっとも重要な定理である定理 2.1.5 (解がただ一つ存在する (一意解の存在)) については，完全な証明は与えず，証明の道筋についての解説のみを行う．

証明に進むまえに，本書により，微分方程式を初歩から学びつつある読者にとって，多分に違和感をともなって受け取られるであろう用語，「**解の存在**」「**一意解**」について説明をしておこう．初等的な代数方程式を例にとって説明しよう．

たとえば，x を**未知数**とする方程式

$$x - 3 = 0$$

の解は，

$$x = 3$$

であり，これは，実数の範囲で「存在」しており，これ以外に解はない (一意解).ところが，x と y を未知数とする方程式

$$x + y = 0$$

の解は，この関係を満たす x と y の組のことであるから，その解の個数は数としては，無限 (個) (連続無限) である.ただし，解はたしかに，実数の範囲に存在している.また，任意定数 c を用いて，解を

$$\begin{cases} x = c \\ y = -c \end{cases}$$

と表すことが可能で，この表記の意味では，解は一意 (ただ一つ) に記述されている.ところが，連立方程式

$$\begin{cases} x + y = 0 \\ x + y = 1 \end{cases}$$

を考えると，連立させた 2 つの式をともに満たす x と y の組はない，すなわち，**解が存在しない**．これらの例にみるように，実数に関する初等的な方程式においても，「解の存在」「一意解」の概念がすでに現れている．

本書においては，一般に**未知数**よりもはるかに自由度が高い**未知関数**を含む方程式 (微分方程式) を考察するのであるから，そもそも書き表した方程式に解があるのかないのかは，方程式を設定した段階で慎重に考察しておく必要がある (さもなくば，たとえば，解の存在しない方程式の解を探し求める徒労を行うこととなる).

さて，定理の証明にうつろう．線形常微分方程式の解の空間の線形性 (定理 2.1.1) については単独に証明可能であるが，2 階線形常微分方程式の解空間の次元が 2 であること (一般に n 階線形常微分方程式の解空間の次元が n である

A.1　線形代数学の基本事項の復習と第2章の定理の解説・証明

こと) の証明には，解の存在と一意性についての定理を用いる必要がある．すなわち，定理 2.1.2, 2.1.3, 2.1.4 の証明は，定理 2.1.5 の結果を用いて行われるので，以下，はじめに定理 2.1.5 の証明の道筋を確認し，その後，他の定理の証明に進むこととする．

線形常微分方程式の解の存在と一意性の証明には，(正規形) 1 階常微分方程式に関する以下の基本定理 (コーシー・リプシッツの定理として知られる[1]) を用いる．(なお，この定理は，第 1 章で取り上げた方程式の解の存在の考察にも適用される．本節末の記述も参照されたい．)

── コーシー・リプシッツの定理 ──

定理 A.1.1　(x_0, y_0) を x-y 平面のある与えられた点とし，関数 $F(x,y)$ は，x-y 平面の閉領域 $D = \{(x,y) : |x - x_0| \leqq r, |y - y_0| \leqq \rho\}$ で定義された連続関数で次を満たすとする (**リプシッツ条件**)：　ある $L < \infty$ が存在し，任意の $(x,y), (x,y') \in D$ に対し，

$$|F(x,y) - F(x,y')| \leqq L|y - y'|. \tag{A.1.7}$$

ただし，上で，r, ρ はある与えられた定数である．

このとき，方程式

$$\frac{d}{dx}y(x) = F(x, y(x)) \tag{A.1.8}$$

に対し，区間 I で定義された C^1 級の解 $y(t)$ $(t \in I)$ で初期条件

$$y(x_0) = y_0 \tag{A.1.9}$$

を満たすものが存在する．しかも，初期条件 (A.1.9) を満たす解は，ただ一つである．ここで，I は，次で定義される区間である：

$$I = \{x : |x - x_0| \leqq r'\}, \quad r' = \min\left\{r, \frac{\rho}{M}\right\}, \quad M \equiv \sup_{(x,y)\in D}|F(x,y)|. \tag{A.1.10}$$

---

[1] この証明は，たとえば，[7] の B.1 章に詳しい．また [4] では簡潔に記述されている．

定理 A.1.1 についての注意 定理 A.1.1 において, y を n 次元ベクトル $\boldsymbol{y} = (y_1, \ldots, y_n)$ に置き換え, 関数 F をリプシッツ条件を満たす n 個の関数 $F_1, \ldots, F_n$ に置き換える. このとき, 初期条件をともなった常微分方程式系 (連立微分方程式):

$$\begin{cases} \dfrac{d}{dx} y_1(x) = F_1(x, \boldsymbol{y}(x)) \\ \qquad \cdots\cdots\cdots\cdots\cdots \\ \dfrac{d}{dx} y_n(x) = F_n(x, \boldsymbol{y}(x)) \end{cases} \tag{A.1.11}$$

$$y_1(x_0) = y_{(1,0)}, \ \ldots, \ y_n(x_0) = y_{(n,0)} \tag{A.1.12}$$

に対し, この変更に対応して, 定理 5.1.1 における解の存在と一意性の結論が成り立つ. ただし, $y_{(1,0)}, \ldots, y_{(n,0)} \in \mathbb{R}^n$ は, $\mathbb{R}^n$ のある与えられた点である. なお, 定理 A.1.1 における絶対値の評価式は, n 次元ベクトルの絶対値の評価式に置き換える. ∎

さて, 1 階線形連立常微分方程式の一般形は次で与えられる:

$$\begin{cases} \dfrac{d}{dx} y_1(x) = \sum_{k=1}^{n} a_{1,k}(x) y_k(x) + b_1(x) \\ \qquad \cdots\cdots\cdots\cdots\cdots\cdots\cdots\cdots\cdots \\ \dfrac{d}{dx} y_n(x) = \sum_{k=1}^{n} a_{n,k}(x) y_k(x) + b_n(x) \end{cases} \tag{A.1.13}$$

また,

$$\boldsymbol{y}(x) \equiv \begin{pmatrix} y_1(x) \\ \vdots \\ y_n(x) \end{pmatrix}, \quad \boldsymbol{y}'(x) \equiv \begin{pmatrix} \frac{d}{dx} y_1(x) \\ \vdots \\ \frac{d}{dx} y_n(x) \end{pmatrix}, \tag{A.1.14}$$

$$A(x) \equiv \begin{pmatrix} a_{11}(x) & \ldots & a_{1n}(x) \\ \cdots\cdots\cdots\cdots\cdots \\ a_{n1}(x) & \ldots & a_{nn}(x) \end{pmatrix}, \quad \boldsymbol{b}(x) \equiv \begin{pmatrix} b_1(x) \\ \vdots \\ b_n(x) \end{pmatrix} \tag{A.1.15}$$

とおくと, 連立微分方程式 (A.1.13) は, 次のように表すことができる:

$$\boldsymbol{y}'(x) = A(x) \boldsymbol{y}(x) + \boldsymbol{b}(x). \tag{A.1.16}$$

したがって,

$$F(x, \boldsymbol{y}(x)) = A(x) \boldsymbol{y}(x) + \boldsymbol{b}(x) \tag{A.1.17}$$

とおけば (ここで F は, 上記 "定理 A.1.1 についての注意" における記号に対

A.1 線形代数学の基本事項の復習と第2章の定理の解説・証明　　　151

応させると，$F(x) \equiv \begin{pmatrix} F_1(x, \boldsymbol{y}(x)) \\ \vdots \\ F_n(x, \boldsymbol{y}(x)) \end{pmatrix}$ である)．方程式 (A.1.16)，したがって
(A.1.13) は，定理 A.1.1 の式 (A.1.8) ((A.1.11) 参照) の形に表示される：

$$\boldsymbol{y}'(x) = F(x, \boldsymbol{y}(x)). \qquad (A.1.18)$$

この方程式 (A.1.18) (したがって，方程式 (A.1.16) すなわち (A.1.13)) に定理 A.1.1 ("定理 A.1.1 についての注意") を適用し，解の存在と一意性を示そう．そのためには，(A.1.17) で定義された $F(x, \boldsymbol{y}(x))$ が，リプシッツ条件を満たすことを確認すればよい．仮定をおく：

――――――― a_{ij} の仮定 ―――――――

I を $\mathbb{R}$ の区間とする (有界，非有界，閉，開，半開区間のいずれでもよい)．

I において，$a_{ij}(x)$ $(1 \leqq i, j \leqq n, x \in I)$ は連続とする．　(A.1.19)

上記の仮定のもとで，シュワルツの不等式[2]を用いて，I に含まれる**任意の有界閉区間** I' $(I' \subset I)$ において，以下の評価を得る：

$$\begin{aligned}
|F(x, \boldsymbol{y}) - F(t, \boldsymbol{y}')| &= |A(x)(\boldsymbol{y} - \boldsymbol{y}')| \\
&= \left\{ \sum_{i=1}^{n} \left(\sum_{k=1}^{n} a_{ik}(x)(y_k - y'_k) \right)^2 \right\}^{\frac{1}{2}} \\
&\leqq \left\{ \sum_{i=1}^{n} \left(\sum_{k=1}^{n} |a_{ik}(x)|^2 \right) \left(\sum_{k=1}^{n} (y_k - y'_k)^2 \right) \right\}^{\frac{1}{2}} \\
&\leqq \left(\sum_{i,k=1}^{n} \|a_{ik}(x)\|^2 \right)^{\frac{1}{2}} \left(\sum_{k=1}^{n} (y_k - y'_k)^2 \right)^{\frac{1}{2}} \\
&= L|\boldsymbol{y} - \boldsymbol{y}'|. \qquad (A.1.20)
\end{aligned}$$

---

[2]　ここで，級数に関するシュワルツの不等式は，
$$\left| \sum_{i=1}^{n} \sum_{k=1}^{n} \alpha_i \beta_k \right|^2 \leqq \left(\sum_{i=1}^{n} |\alpha_i|^2 \right) \left(\sum_{k=1}^{n} |\beta_k|^2 \right)$$
で与えられる．

ここで，L は I' に関係する定数で，次のように定めた：

$$L \equiv \left(\sum_{i,k=1}^{n} \|a_{ik}(x)\|^2 \right)^{\frac{1}{2}}, \qquad \|a_{ik}(x)\| \equiv \sup_{x \in I'} |a_{ik}(x)|. \tag{A.1.21}$$

すなわち，$F(x, \boldsymbol{y})$ は，I' においてリプシッツ条件を満たす．仮定 (A.1.19) のもとで，定理 A.1.1 ("定理 A.1.1 についての注意") を方程式 (A.1.18) に適用し (定理 A.1.1 における I はここでの I' と読み替える)，方程式 (A.1.18) (したがって，方程式 (A.1.16) すなわち (A.1.13)) の I' における一意な解の存在が結論される．I' は，I に含まれる**任意の有界閉区間**であったから，このような I' により I を被覆し接続[3]して，解は I 全体に一意に拡張できる[4]．

以上を定理にまとめる．

---
1 階線形連立常微分方程式の一意解の存在定理

定理 A.1.2 方程式 (A.1.13) において，$a_{ij}(x)$ ($1 \leq i, j \leq n, x \in I$) が上記 "$a_{ij}$ の仮定" (式 (A.1.19)) を満たすとする．$x_0 \in I$ を任意にとり，n 次元ベクトル $y_{(1,0)}, \ldots, y_{(n,0)} \in \mathbb{R}^n$ を任意に与えるとき，初期条件

$$y_k(x_0) = y_{(k,0)} \qquad (k = 1, \ldots, n) \tag{A.1.22}$$

を満たす (A.1.13) の解が存在する．そのような解は，I 全体で定義された解に延長され，しかも I 全体で定義された (A.1.22) を満たす解は，ただ一つである．

さて，$y(x)$ を未知関数とする n 階線形常微分方程式が与えられているとしよう：

$$\frac{d^n}{dx^n} y + a_n(x) \frac{d^{n-1}}{dx^{n-1}} y + \cdots + a_2(x) \frac{d}{dx} y + a_1(x) y + b(x) = 0. \tag{A.1.23}$$

[3) I が**被覆**されるとは，I に含まれる任意の点が，このような I' の合併集合に含まれるようにできることをいう．また，I'' における解 $y_2(x)$ が I' における解 $y_1(x)$ の**接続**であるとは，$I' \cap I''$ において $y_1(x)$ と $y_2(x)$ が一致していることをいう (または，$y_1(x) = y_2(x)$ となること)．

4) 一意解として拡張可能であることの証明は [7] の B.1 章を参照されたい．

A.1 線形代数学の基本事項の復習と第 2 章の定理の解説・証明

ここで

$$y_1 = y, \quad y_2 = \frac{d}{dx}y, \quad \ldots, \quad y_n = \frac{d^{n-1}}{dx^{n-1}}y$$

と, n 個の未知関数 $y_1, \ldots, y_n$ を定めると, (A.1.23) は次の連立微分方程式と同等になる:

$$\begin{cases} y_1' = y_2 \\ y_2' = y_3 \\ \cdots\cdots\cdots\cdots\cdots\cdots\cdots\cdots\cdots\cdots\cdots \\ y_{n-1}' = y_n \\ y_n' = -a_1(x)y_1 - a_2(x)y_2 - \cdots\cdots - a_n(x)y_n - b(x). \end{cases} \quad (A.1.24)$$

(A.1.23) を (A.1.24) の形に記述し, 定理 A.1.2 を適用することにより, 定理 2.1.5 (より一般に n 階線形常微分方程式に関する定理) を得る.

定理 2.1.5 を利用して, 他の定理を証明しよう. なお, 定理 2.1.1 の証明には, 定理 2.1.5 は必要ではない.

A.1.3 定理 2.1.1 の証明

2 つの関数 y_1, y_2 が

$$y''(x) + P(x)y'(x) + Q(x)y(x) = 0 \qquad (2.1.1)$$

の解であると仮定しよう. すなわち, y_1, y_2 に対し, 次が成り立っているとする:

$$\begin{aligned} y_1'' + P(x)y_1' + Q(x)y_1 &= 0, \\ y_2'' + P(x)y_2' + Q(x)y_2 &= 0. \end{aligned} \qquad (A.1.25)$$

c_1, c_2 を任意の数とし, 関数 $c_1 y_1 + c_2 y_2$ を定める. (A.1.25) により次が成り立つ:

$$(c_1 y_1 + c_2 y_2)'' + P(x)(c_1 y_1 + c_2 y_2)' + Q(x)(c_1 y_1 + c_2 y_2)$$
$$= c_1(y_1'' + P(x)y_1' + Q(x)y_1) + c_2(y_2'' + P(x)y_2' + Q(x)y_2)$$
$$= 0.$$

この式は, 関数 $c_1 y_1 + c_2 y_2$ が式 (2.1.1) の解であることを示している. □

A.1.4 定理 2.1.2 の証明

1 点 $x_0 \in I$ を一つ選ぶ．定理 2.1.5 により，x_0 において，任意に与えた初期値に対し，式 (2.1.1) が一意解をもつことが保証されているので，次の y_1, y_2 は一意に存在する：

y_1 は，(2.1.1) の解であり，$y_1(x_0) = 1, y_1'(x_0) = 0$ を満たす． (A.1.26)

y_2 は，(2.1.1) の解であり，$y_2(x_0) = 0, y_2'(x_0) = 1$ を満たす． (A.1.27)

$c_1 y_1(x) + c_2 y_2(x)$ が恒等的に 0 となるのは，$c_1 = c_2 = 0$ の場合のみであるから，y_1, y_2 は 1 次独立な解である．さて，$y(x)$ を式 (2.1.1) の任意の解としよう．$y(x)$ が y_1, y_2 の線形結合で表されれば，定理は証明される (解空間は，線形空間として，2 次元である)．

$$z(x) = y(x_0) y_1(x) + y'(x_0) y_2(x)$$

とおくと，(A.1.26), (A.1.27) により，

$$z(x_0) = y(x_0), \qquad z'(x_0) = y'(x_0)$$

が成り立つ．定理 2.1.1 により，$z(x)$ も式 (2.1.1) の解であり，上の式より，それは，$y(x)$ と同じ初期条件を満たしている．定理 2.1.5 による解の一意性から，

$$y(x) = z(x)$$

が結論され，式 (2.1.1) の任意の解は y_1, y_2 の線形結合で表されることが示された． □

A.1.5 定理 2.1.3 の証明

> ロンスキャン
> $$W[y_1, y_2](x) \equiv y_1(x) y_2'(x) - y_2(x) y_1'(x) \qquad (2.1.4)$$

に関する定理 2.1.3 を証明する．はじめに，式 (2.1.1) の解 y_1, y_2 が 1 次従属であることは，次の 2 式のいずれか一方は成り立つことと同値であることに注意しよう：

A.1　線形代数学の基本事項の復習と第 2 章の定理の解説・証明

ある定数 k が存在し，任意の $x \in I$ に対し，$y_1(x) = k y_2(x)$, 　(A.1.28)

ある定数 k が存在し，任意の $x \in I$ に対し，$y_2(x) = k y_1(x)$. 　(A.1.29)

証明　(i) 命題 "「(2.1.1) の解 y_1, y_2 が 1 次従属．」ならば，「$W[y_1, y_2](x) = 0$ が，任意の $x \in I$ で成り立つ．」" の証明：

(A.1.28) を仮定しよう．このとき，次により主張は正しい．

$$W[y_1, y_2](x) = W[ky_2, y_2](x) = ky_2(x)y_2'(x) - ky_2(x)y_2'(x) \equiv 0.$$

(ii) 命題 "「$W[y_1, y_2](x_0) = 0$ が，ある $x_0 \in I$ で成り立つ．」ならば，「(2.1.1) の解 y_1, y_2 が 1 次従属．」" の証明：

ある $x_0 \in I$ で $W[y_1, y_2](x_0) = 0$ を仮定する．c_1, c_2 を未知数とする次の連立方程式を考える：

$$\begin{pmatrix} y_1(x_0) & y_2(x_0) \\ y_1'(x_0) & y_2'(x_0) \end{pmatrix} \begin{pmatrix} c_1 \\ c_2 \end{pmatrix} = \begin{pmatrix} 0 \\ 0 \end{pmatrix}. \quad \text{(A.1.30)}$$

仮定により

$$\begin{vmatrix} y_1(x_0) & y_2(x_0) \\ y_1'(x_0) & y_2'(x_0) \end{vmatrix} = W[y_1, y_2](x_0) = 0$$

であるから，この (A.1.30) は非自明解 c_1, c_2 ($(c_1, c_2) \neq (0, 0)$) をもつ．

$$y(x) = c_1 y_1(x) + c_2 y_2(x)$$

と定めると，$y(x)$ は，(A.1.30) により初期条件 $y(x_0) = 0, y'(x_0) = 0$ を満たす．一方，I において恒等的に 0 である関数も式 (2.1.1) の解であり，$y(x)$ と同じ初期条件を満たしている．したがって，定理 2.1.5 による解の一意性から $y(x)$ は，I において恒等的に 0 である関数に一致しなければならない，すなわち，

$$y(x) = c_1 y_1(x) + c_2 y_2(x) = 0 \quad \text{が，すべての } x \in I \text{ で成り立つ．}$$

いい換えれば，y_1, y_2 は，1 次従属である．

(i) と (ii) の対偶命題をあわせて，「$W[y_1, y_2](x)$ が決して 0 にならないとき，かつそのときに限り y_1, y_2 は式 (2.1.1) の 1 次独立な解である．」が得られる．

□

A.1.6　定理 2.1.4 の証明

非同次方程式
$$y''(x) + P(x)y'(x) + Q(x)y(x) = R(x) \qquad (2.1.2)$$
の特解 $y_p(x)$ を 1 つ選んで**固定する**．$y_1(x), y_2(x)$ を，非同次方程式 (2.1.2) に付随する同次方程式
$$y''(x) + P(x)y'(x) + Q(x)y(x) = 0 \qquad (2.1.1)$$
の基本解とする．$y(x)$ を式 (2.1.2) の任意の解とする．定数 c_1, c_2 を適当に選ぶことにより，$y(x)$ が
$$y(x) = c_1\,y_1(x) + c_2\,y_2(x) + y_p(x) \qquad (2.1.5)$$
と表記できることを示せばよい．

さて，$y(x)$ を式 (2.1.2) のある解とし，
$$\widetilde{y}(x) \equiv y(x) - y_p(x) \qquad (A.1.31)$$
と定める．$y_p(x)$ は式 (2.1.2) の特解であり，$y(x)$ は式 (2.1.2) のある解と仮定しているから，次が成り立つ：
$$\begin{aligned}
&\widetilde{y}''(x) + P(x)\widetilde{y}'(x) + Q(x)\widetilde{y}(x) \\
&= (y(x) - y_p(x))'' + P(x)(y(x) - y_p(x))' + Q(x)(y(x) - y_p(x)) \\
&= R(x) - R(x) = 0. \qquad (A.1.32)
\end{aligned}$$
この (A.1.32) により，$\widetilde{y}(x)$ は，同次方程式 (2.1.1) の解であることがわかる．定理 2.1.2 により，同次方程式 (2.1.1) のすべての解は，基本解 $y_1(x), y_2(x)$ の線形結合で表されなければならないから，ある数 c_1, c_2 が存在し，
$$\widetilde{y}(x) = c_1 y_1(x) + c_2 y_2(x)$$
と表記できる．これと，(A.1.31) により，任意に選ばれた式 (2.1.2) の解 $y(x)$ は，
$$y(x) = \widetilde{y}(x) + y_p(x) = c_1 y_1(x) + c_2 y_2(x) + y_p(x)$$
と表されることがわかり，証明が終わる．　□

A.2　第4章の命題の証明

　ここからは，第 4 章で与えられた各命題，定理の証明を与える．証明そのものもラプラス変換の計算を理解するうえで重要なので，各自積極的に筆をとって確認してもらいたい．

A.2.1　定理 4.3.1 の証明

　$f(t)$ が定理の条件を満たしているとする．このとき，$s = a + ib$ に対し，

$$|\mathcal{L}[f](s)| = \left| \int_0^\infty e^{-st} f(t) \, dt \right|$$

$$\leqq \int_0^\infty |e^{-st}| \, |f(t)| \, dt$$

$$\leqq C \int_0^\infty e^{-at} e^{\alpha t} \, dt$$

$$= C \int_0^\infty e^{-(a-\alpha)t} \, dt$$

$$= C \lim_{T \to \infty} \int_0^T e^{-(a-\alpha)t} \, dt$$

$$= C \lim_{T \to \infty} \left[\frac{1}{-(a-\alpha)} e^{-(a-\alpha)t} \right]_0^T$$

$$= C \lim_{T \to \infty} \left(\frac{1}{-(a-\alpha)} e^{-(a-\alpha)T} + \frac{1}{a-\alpha} \right)$$

$$= \frac{C}{a-\alpha} < \infty, \ \ \mathrm{Re}\, s = a > \alpha$$

となる．これより，$f(t)$ が定理の条件を満たしていれば，必ずそのラプラス変換 $\mathcal{L}[f](s)$ は存在することがわかる．　　　　　　　　　　　　　　　□

A.2.2　命題 1 の証明

　(1) のみを示す．(2) は演習とする．
　関数 $f(t)$, $g(t)$ はラプラス変換が存在する十分条件 (定理 4.3.1) を満たすとする．このとき，積分の線形性から

$$\mathcal{L}[f+g](s) = \int_0^\infty e^{-st}(f(t)+g(t))\,dt$$
$$= \int_0^\infty e^{-st}f(t)\,dt + \int_0^\infty e^{-st}g(t)\,dt$$
$$= \mathcal{L}[f](s) + \mathcal{L}[g](s)$$

となる．以上より，

$$\mathcal{L}[f+g](s) = \mathcal{L}[f](s) + \mathcal{L}[g](s)$$

が成り立つことがわかる． □

A.2.3　命題 2 の証明

関数 $f(t)$ は定理 4.3.1 を満たすものとする．このとき，

$$\mathcal{L}[e^{at}f](s) = \int_0^\infty e^{-st}e^{at}f(t)\,dt$$
$$= \int_0^\infty e^{-(s-a)t}f(t)\,dt$$
$$= \mathcal{L}[f](s-a), \quad \mathrm{Re}(s-a) > 0$$

が成り立つ．よって，

$$\mathcal{L}[e^{at}f](s) = \mathcal{L}[f](s-a), \quad \mathrm{Re}(s-a) > 0$$

である． □

A.2.4　命題 3 の証明

$a > 0$ とする．このとき，

$$\mathcal{L}[f(t-a)H(t-a)](s) = \int_0^\infty e^{-st}f(t-a)H(t-a)\,dt$$
$$= \int_a^\infty e^{-st}f(t-a)\,dt$$
$$= \int_0^\infty e^{-s(X+a)}f(X)\,dX$$
$$= e^{-sa}\mathcal{L}[f](s)$$

A.2 第4章の命題の証明

が成り立つ. つまり,
$$\mathcal{L}[f(t-a)H(t-a)](s) = e^{-as}\mathcal{L}[f(t)](s)$$
となる. □

A.2.5 命題4の証明

$a > 0$ とする. このとき, ラプラス変換 $\mathcal{L}[f(at)](s)$ を直接計算すると,
$$\mathcal{L}[f(at)](s) = \int_0^\infty e^{-st} f(at)\, dt$$
$$= \frac{1}{a} \int_0^\infty e^{-\frac{s}{a}X} f(X)\, dX$$
$$= \frac{1}{a} \mathcal{L}[f]\left(\frac{s}{a}\right)$$

となる. したがって, ラプラス変換 $\mathcal{L}[f(at)](s)$ は,
$$\mathcal{L}[f(at)](s) = \frac{1}{a} \mathcal{L}[f]\left(\frac{s}{a}\right), \ \ \mathrm{Re}\left(\frac{s}{a}\right) > 0$$

である. □

A.2.6 命題5の証明

部分積分より,
$$\mathcal{L}[f'](s) = \int_0^\infty e^{-st} f'(t)\, dt$$
$$= \lim_{T \to \infty} \int_0^T e^{-st} f'(t)\, dt$$
$$= \lim_{T \to \infty} \left\{ \left[e^{-st} f(t)\right]_0^T + s \int_0^T e^{-st} f(t)\, dt \right\}$$
$$= \lim_{T \to \infty} \left\{ \left(e^{-sT} f(T) - f(0)\right) + s \int_0^T e^{-st} f(t)\, dt \right\} \quad (\text{A.2.1})$$

となる. 仮定より, 関数 $f(t)$ に対し,
$$|f(t)| \leqq Ce^{at}$$
となる定数 $C > 0$ と a が存在するので, $T \to \infty$ のとき,

$$|e^{-sT}f(T)| \leqq Ce^{-\mathrm{Re}\ (s-a)t} \to 0, \quad \mathrm{Re}\ (s-a) > 0$$

となる．よって，(A.2.1) より，

$$\mathcal{L}[f'](s) = s\mathcal{L}[f](s) - f(0)$$

が成り立つ． □

A.2.7 命題 6 の証明

ラプラス変換を直接計算する．部分積分より，

$$\begin{aligned}
\mathcal{L}\left[\int_0^t f(u)\,du\right](s) &= \int_0^\infty e^{-st}\left\{\int_0^t f(u)\,du\right\}dt \\
&= \lim_{T\to\infty}\int_0^T e^{-st}\left\{\int_0^t f(u)\,du\right\}dt \\
&= \lim_{T\to\infty}\left\{\left[\frac{1}{-s}e^{-st}\left\{\int_0^t f(u)\,du\right\}\right]_0^T + \frac{1}{s}\int_0^T e^{-st}f(t)\,dt\right\} \\
&= \lim_{T\to\infty}\left(\frac{1}{-s}e^{-sT}\int_0^T f(u)\,du + \frac{1}{s}\int_0^T e^{-st}f(t)\,dt\right)
\end{aligned}$$

(A.2.2)

となる．関数 $f(t)$ に対し，

$$|f(t)| \leqq Ce^{at}$$

となる定数 $C > 0$ と a が存在する．よって，$T \to \infty$ のとき，

$$\begin{aligned}
\left|\frac{1}{-s}e^{-sT}\int_0^T f(u)\,du\right| &\leqq C\frac{1}{|s|}e^{-\mathrm{Re}\ sT}Te^{aT} \\
&= \frac{CT}{|s|}e^{-(\mathrm{Re}\ s-a)T} \to 0, \quad \mathrm{Re}\ s > a
\end{aligned}$$

となる．ゆえに，(A.2.2) からラプラス変換 $\mathcal{L}\left[\int_0^t f(u)\,du\right](s)$ は，

$$\mathcal{L}\left[\int_0^t f(u)\,du\right](s) = \frac{1}{s}\mathcal{L}[f](s), \quad \mathrm{Re}\ s > a$$

となる． □

A.2.8　命題 7 の証明

　関数 $f(t)$ と $g(t)$ は定理 4.3.1 の条件を満たしているものとする．このとき，たたみ込み $(f*g)(t)$ に対し，次の評価式

$$|(f*g)(t)| \leqq Ce^{\alpha t}$$

を満たす定数 C と α が存在する．よって $\operatorname{Re} s > \alpha$ なる変数 s に対し，ラプラス変換 $\mathcal{L}[f*g](s)$ は絶対可積分である．ゆえに，ルベーグの積分におけるフビニの定理[5]より積分の順序交換が可能で，

$$\begin{aligned}
\mathcal{L}[f*g](s) &= \int_0^\infty e^{-st}(f*g)(t)\,dt \\
&= \int_0^\infty e^{-st}\left\{\int_0^t f(t-\tau)g(\tau)\,d\tau\right\}dt \\
&= \lim_{T\to\infty}\int_0^T e^{-st}\left\{\int_0^t f(t-\tau)g(\tau)\,d\tau\right\}dt \\
&= \lim_{T\to\infty}\int_0^T \left\{\int_\tau^T e^{-st}f(t-\tau)\,dt\right\}g(\tau)\,d\tau \quad\quad (\text{A.2.3})
\end{aligned}$$

となる．$X = t - \tau$ と置換してみると，

t	$\tau \longrightarrow T$
X	$0 \longrightarrow T-\tau$

かつ $dt = dX$ より，式 (A.2.3) は，

$$\begin{aligned}
(\text{A.2.3}) &= \lim_{T\to\infty}\int_0^T\left\{\int_0^{T-\tau} e^{-s(X+\tau)}f(X)\,dX\right\}g(\tau)\,d\tau \\
&= \lim_{T\to\infty}\int_0^T e^{-s\tau}g(\tau)\,d\tau \int_0^{T-\tau} e^{-sX}f(X)\,dX \\
&= \int_0^\infty e^{-sX}f(X)\,dX \int_0^\infty e^{-s\tau}g(\tau)\,d\tau \\
&= \mathcal{L}[f](s)\mathcal{L}[g](s)
\end{aligned}$$

---

5)　「フビニの定理」については参考文献の [6] を参照．

となる．よって，
$$\mathcal{L}[f*g](s) = \mathcal{L}[f](s)\mathcal{L}[g](s)$$
である． □

A.2.9 命題 9 の証明

(1) のみを証明する．(2) は演習とする．

関数 $F(s), G(s)$ は $f(t), g(t)$ のラプラス変換なので，
$$F(s) = \mathcal{L}[f(t)](s), \qquad G(s) = \mathcal{L}[g(t)](s)$$
と表せる．また，これから，
$$f(t) = \mathcal{L}^{-1}(F(s))(t), \qquad g(t) = \mathcal{L}^{-1}(G(s))(t)$$
とも表せる．よって，
$$f(t) + g(t) = \mathcal{L}^{-1}(F(s))(t) + \mathcal{L}^{-1}(G(s))(t) \tag{A.2.4}$$
である．一方で，ラプラス変換の線形性から，
$$F(s) + G(s) = \mathcal{L}[f](s) + \mathcal{L}[g](s) = \mathcal{L}[f+g](s)$$
となるので，
$$f(t) + g(t) = \mathcal{L}^{-1}(F(s) + G(s))(t) \tag{A.2.5}$$
である．以上，(A.2.4) と (A.2.5) より，
$$\mathcal{L}^{-1}(F(s) + G(s))(t) = \mathcal{L}^{-1}(F(s))(t) + \mathcal{L}^{-1}(G(s))(t)$$
となる． □

B
練習問題および章末問題の略解

B.1 第1章

練習問題

練習問題 1.1〜1.13 については，どれも基本的な問題であるので，各自微分積分の教科書で確認しておいてもらいたい．

1.14 省略．

1.15 例題 1 の結果により，$y = C_1 e^{-x^2}$. 初期条件 $y(0) = 2$ から $C_1 = 2$ がわかる．ゆえに求める微分方程式の解は $y = 2e^{-x^2}$. 解のグラフは省略．

1.16 省略．

1.17 $y = \log(x^2 + C)$. $y(0) = 0$ より $C = 1$ であるから，$y = \log(x^2 + 1)$. 解のグラフは省略．

1.18 $y = Ae^x - 1$. $y(0) = 1$ より $A = 2$ であるから $y = 2e^x - 1$. 解のグラフは省略．

1.19 例題 1.12 の結果から $y = \dfrac{Ae^x - 1}{Ae^x + 1}$. $y(0) = \dfrac{1}{2}$ より $A = 3$. したがって $y = \dfrac{3e^x - 1}{3e^x + 1}$. 解のグラフは省略．

1.20〜1.25 省略．

1.26 $p(x) = -1$ である．$\int p(x)\,dx = \int -1\,dx = -x$ より，$e^{\int p(x)dx} = e^{-x}$ を与えられた微分方程式の両辺にかけると，$e^{-x}\dfrac{dy}{dx} + e^{-x}y = 1$. 積の微分の公式より，$(e^{-x}y)' = 1$ となる．両辺を積分して $e^{-x}y = x + C$, $\therefore\ y = (x+C)e^x$ (C：積分定数)．

$y(0) = 0$ から $C = 0$ がわかる．よって $y = xe^x$ を得る．

1.27 初期条件 $y(1) = 0$ より $C = 0$ がわかる．したがって $y = \dfrac{\log x}{x}$．

1.28～1.36 省略．

章末問題

偶数番の問題の答えのみを与える．(C は積分定数である．)

1. (2) 与えられた積分方程式の両辺を微分して $\sqrt{1 + y'(x)^2} = \sqrt{1 + x^2}$．両辺を 2 乗してから y' について解くと $y' = \pm x$，両辺を積分して $y = \pm \dfrac{x^2}{2} + C$．

(4) 積の微分の公式により $(y\cos x)' = 1$．両辺を積分すると $y\cos x = x + C$，よって $y = \dfrac{x + C}{\cos x}$．

2. (2) $\dfrac{dy}{2y} = \dfrac{dx}{x}$ と変形し，両辺を積分すると $\dfrac{1}{2}\log|y| = \log|x| + C$，

∴ $y = Ax^2$ ($A = \pm e^C$)．同次形微分方程式と考えて $u = \dfrac{y}{x}$ とおいて解いてもよい．

3. (2) $y' = 1 + \dfrac{y}{x}$．$u = \dfrac{y}{x}$ とおくと $xu' = 0$，よって $u' = 0$．ゆえに $u = C$，したがって $y = Cx$．

(4) $2y\,dy = 3x\,dx$ と変形し，両辺を積分すると $y^2 = \dfrac{3}{2}x^2 + C$．

4. (2) $\dfrac{y'}{y^2} = 1 - \dfrac{2}{x}\dfrac{1}{y}$．$u = \dfrac{y}{x}$ とおくと，$u' - \dfrac{2}{x}u = -1$．両辺に $\dfrac{1}{x^2}$ をかけてから，積の微分の公式を使うと $\left(\dfrac{u}{x^2}\right)' = -\dfrac{1}{x^2}$．両辺を積分すると $\dfrac{u}{x^2} = \dfrac{1}{x} + C$．よって $u = x + Cx^2$．ここで $u = \dfrac{y}{x}$ であるので $y = x^2 + Cx^3$．

5. $y' = (y - 2x)^2 + 2$ と変形すると $2x$ が 1 つの解であることがわかる．$y = 2x + \dfrac{1}{u}$ とおくと $u' = -1$ となる．両辺を積分すると $u = -x + C$．ゆえに $y = 2x + \dfrac{1}{C - x}$．

6. (1) $\dfrac{dv}{mg - kv} = m\,dx$ の両辺を積分すると $\displaystyle\int \dfrac{dv}{mg - kv} = \int m\,dx$，

∴ $\log|mg - kv| = -kmx + C$．よって，$mg - kv = Ae^{-kmx}$ ($A = \pm e^C$) より，$v = \dfrac{m}{k}g - \dfrac{A}{k}e^{-kmx}$．

B.2 第2章

以下，$c_1, c_2, \cdots$ は任意の定数である．

練習問題

2.1 (1) $y = c_1 e^{-2x} + c_2 e^x$ (2) $y = c_1 e^x + c_2 e^{4x}$

2.2 (1) $y = c_1 e^{2x} + c_2 x e^{2x}$ (2) $y = c_1 e^{3x} + c_2 x e^{3x}$

2.3 (1) $y = c_1 e^x \cos 2x + c_2 e^x \sin 2x$ (2) $y = c_1 \cos \sqrt{3}x + c_2 \sin \sqrt{3}x$

2.4 (1) $y = c_1 e^x \cos \sqrt{2}x + c_2 e^x \sin \sqrt{2}x + (x+1)$ $\left(c_1 = -1,\ c_2 = \dfrac{1}{\sqrt{2}}\right)$

(2) $y = c_1 e^{2x} + c_2 x e^{2x} + \left(\dfrac{1}{4}x^2 + \dfrac{1}{2}x + \dfrac{5}{8}\right)$ $\left(c_1 = -\dfrac{5}{8},\ c_2 = 34\right)$

2.5 (1) $y = c_1 e^{-x} + c_2 e^x + e^{-3x}$ $(c_1 = -2,\ c_2 = 1)$
(2) $y = c_1 e^{2x} + c_2 x e^{2x} + x^2 e^{2x}$ $(c_1 = 1,\ c_2 = -1)$

2.6 (1) $y = c_1 e^x + c_2 e^{4x} + \dfrac{3}{34} \cos x - \dfrac{5}{34} \sin x$ $\left(c_1 = -\dfrac{1}{6},\ c_2 = \dfrac{4}{51}\right)$

(2) $y = c_1 e^{\sqrt{3}x} + c_2 e^{-\sqrt{3}x} - \dfrac{1}{4} \cos x$ $\left(c_1 = c_2 = \dfrac{1}{8}\right)$

2.7 (1) $y = c_1 \cos \sqrt{3}x + c_2 \sin \sqrt{3}x + (\sin x + \cos x)$
(2) $y = c_1 e^x + c_2(x+1) + x^2 e^x$

2.8 (1) $y = c_1 \cos x + c_2 \sin x + (\cos x) \log|\cos x| + x \sin x$
(2) $y = c_1 x + c_2 x e^x - x^2$

2.9 (1) $y_1(x) = c_1 e^{2x},\ y_2(x) = c_1 e^{2x} + c_2 e^x$
(2) $y_1(x) = c_1 e^{2x} - \dfrac{1}{3} c_2 e^{-2x} - \dfrac{2}{3} e^x,\ y_2(x) = c_1 e^{2x} + c_2 e^{-2x} - e^x$

章末問題

1. (1) $c_1 e^{2x} + c_2 e^{-2x}$ (2) $c_1 x e^{2x} + c_2 e^{2x}$ (3) $c_1 \cos 2x + c_2 \sin 2x$
(4) $c_1 x e^{-2x} + c_2 e^{-2x}$ (5) $c_1 e^{-4x} + c_2 e^{-5x}$

2. (1) $c_1 e^{2x} + c_2 e^{-x} + \dfrac{1}{3} x e^{2x}$ $\left(c_1 = -\dfrac{1}{9},\ c_2 = \dfrac{1}{9}\right)$

(2) $c_1 \cos 2x + c_2 \sin 2x + \dfrac{1}{5} \sin 3x$ $\left(c_1 = 1,\ c_2 = -\dfrac{3}{10}\right)$

(3) $c_1 e^{2x} \sin x + c_2 e^{2x} \cos x - \dfrac{1}{40} \sin 3x + \dfrac{3}{40} \cos 3x$ $\left(c_1 = \dfrac{3}{40},\ c_2 = 0\right)$

(4) $c_1 e^{-3x} + c_2 e^{2x} + x^3$ $\left(c_1 = -\dfrac{1}{5},\ c_2 = \dfrac{1}{5}\right)$

(5) $c_1 e^x + c_2 x e^x + x^2 + 4x + 6$ $(c_1 = -6,\ c_2 = 2)$

(6) $c_1 e^{-5x} + c_2 x e^{-5x} + \frac{1}{2} x^2 e^{-5x}$ ($c_1 = 0, c_2 = 0$)

3. (1) $c_1 x + c_2 x^2$ (2) $c_1 x + c_2(x^2 - 1)$

(3) $c_1 \cos x + c_2 (\cos x) \log \left(\frac{1}{\cos x} + \tan x \right)$ (4) $1 + c_1 x + c_2 x \log x$

(5) $c_1 x + c_2 x \log x + x^2$

4. (1) $c_1 e^x \cos x + c_2 e^x \sin x + \frac{1}{2} x e^x (\sin x - \cos x)$

(2) $c_1 + c_2 e^{-x} - \log(1 + e^x) + x - e^{-x} \log(1 + e^x)$

(3) $c_1 e^x + c_2(x+2) + 1$ (4) $c_1 \sin \frac{1}{x} + c_2 \cos \frac{1}{x} + \frac{1}{x^2} - 2$

5. (1) $y_1 = c_1 e^{3x} + c_2 e^{-x}$, $y_2 = 2c_1 e^{3x} - 2c_2 e^{-x}$

(2) $y_1 = 4c_1 e^{2x} - c_2 e^{-5x}$, $y_2 = 3c_1 e^{2x} + c_2 e^{-5x}$

(3) $y_1 = c_1 e^x + c_2 e^{2x} + c_3 e^{3x}$, $y_2 = 2c_1 e^x + 3c_2 e^{2x} - c_3 e^{3x}$,
$y_3 = 3c_1 e^x + 5c_2 e^{2x} - 2c_3 e^{3x}$

(4) $y_1 = 5c_1 e^{2x} + c_2 e^{-7x} + \frac{5}{9} x e^{2x} + \frac{4}{81} e^{2x} + \frac{5}{8} e^x$,
$y_2 = -4c_1 e^{2x} + c_2 e^{-7x} - \frac{4}{9} x e^{2x} + \frac{4}{81} e^{2x} - \frac{3}{8} e^x$

B.3 第3章

練習問題

3.1 Hint: $|x| < 1$ において成り立つ式 (無限等比級数の和の公式) $\frac{1}{1-x} = 1 + x^2 + x^3 + \cdots$ を用いよ．

3.2 Hint: $n \leqq k$ に対し，漸化式 $c_{n+2} = -\frac{k-n}{(n+2)(n+1)} c_n$ ($n = 0, 1, \ldots, k$) が成り立つことを導き，これを用いて解を表せ．

章末問題

1. まず，$y(x) = \sum_{n=0}^{\infty} c_n x^n$ …①, $y'(x) = \sum_{n=1}^{\infty} n c_n x^{n-1}$ …②,
$y''(x) = \sum_{n=2}^{\infty} n(n-1) c_n x^{n-2}$ …③

である．
(1) 与えられた方程式に ①, ②, ③ を代入すると，次が得られる：

$\sum_{n=0}^{\infty} \{n(n-1) - n + 1\} c_n x^n - \sum_{n=1}^{\infty} \{2n(n-1) - 2n\} c_n x^{n-1} + \sum_{n=2}^{\infty} n(n-1) c_n x^{n-2} = 0.$

B.3 第3章

これを整理すると

$$\sum_{n=0}^{\infty} \{(n-1)^2 c_n - 2(n-1)(n+1)c_{n+1} + (n+2)(n+1)c_{n+2}\} x^n = 0$$

となり，この式が x に関する恒等式であることにより，

$$(n+2)(n+1)c_{n+2} = 2(n+1)(n-1)c_{n+1} - (n-1)^2 c_n \quad (n=0,1,\ldots) \quad \cdots ④$$

が得られる．また，与えられた初期条件により，

$$y(0) = c_0 = 2, \qquad y'(0) = c_1 = -1$$

であるから，④により，$c_n = 0$ $(n=2,3,\ldots)$ が得られる．したがって求める解は，

$$y(x) = 2 - x$$

である．

(2) 与えられた方程式に ①, ③ を代入すると，次が得られる：

$$\sum_{n=2}^{\infty} n(n-1)c_n x^{n-2} - \sum_{n=0}^{\infty} c_n x^n = x.$$

添字を書き換えることにより，

$$\sum_{n=0}^{\infty} (n+2)(n+1)c_{n+2} x^n - \sum_{n=0}^{\infty} c_n x^n - x = 0$$

と変形できる．この式が x に関する恒等式であることにより，

$$2c_2 - c_0 = 0, \quad 6c_3 - c_1 - 1 = 0, \quad (n+2)(n+1)c_{n+2} - c_n = 0 \; (n=2,3,\ldots) \quad \cdots ⑤$$

が得られる．また初期条件により，$y(0) = c_0 = 0$, $y'(0) = c_1 = 0$ であるから，⑤により $c_2 = 0$, $c_3 = \dfrac{1}{3!}$, $c_4 = 0$, $c_5 = \dfrac{1}{5!}$, … が得られる．(一般的には $c_n = \dfrac{1}{n!}$ (n が奇数, $n \geq 3$), $= 0$ (n が偶数).) よって，求める解は

$$y(x) = \frac{1}{3!} x^3 + \frac{1}{5!} x^5 + \frac{1}{7!} x^7 + \cdots \quad \cdots ⑥$$

である．

なお，$e^x = \sum_{n=0}^{\infty} \dfrac{1}{n!} x^n$, $e^{-x} = \sum_{n=0}^{\infty} \dfrac{(-1)^n}{n!} x^n$ であるから，1.1.4 項の表記を用いると，⑥は次のように表される：

$$y(x) = \frac{e^x - e^{-x}}{2} - x = \sinh x - x.$$

B.4 第4章

練習問題

4.1 (1) $\dfrac{1}{s^2}$, $\operatorname{Re} s > 0$ (2) $\dfrac{n!}{s^{n+1}}$, $\operatorname{Re} s > 0$

4.2 (1) $\dfrac{1}{s-i\omega}$, $\operatorname{Re} s > 0$ (2) $\dfrac{1}{s+i\omega}$, $\operatorname{Re} s > 0$

4.3 $\dfrac{s}{s^2+\omega^2}$, $\operatorname{Re} s > 0$

4.4 (1) $\dfrac{2!}{s^3} - \dfrac{1}{s^2} - \dfrac{2}{s}$ (2) $\dfrac{s+2}{s^2+1}$ (3) $\sqrt{\pi}\left(\dfrac{1}{\sqrt{s}} + \dfrac{1}{s}\right)$

(4) $-\dfrac{2}{s^2+4}$, $\operatorname{Re} s > 0$ (5) $\dfrac{s\cos\theta - \omega\sin\theta}{s^2+\omega^2}$, $\operatorname{Re} s > 0$ (6) $\dfrac{s^2+2}{s(s^2+4)}$, $\operatorname{Re} s > 0$

4.5 $\dfrac{2}{s^2-4}$, $\operatorname{Re} s > 2$

4.6 (1) $\dfrac{2!}{(s-2)^3}$, $\operatorname{Re} s > 2$ (2) $\dfrac{1}{(s-i)^2+1}$, $\operatorname{Re} s > 1$

(3) $\dfrac{1}{\{s-(1-i)\}^2-1}$, $\operatorname{Re} s > 1$ (4) $\dfrac{4s}{(s^2+4)^2}$, $\operatorname{Re} s > 0$

4.7 $\dfrac{3!e^{-s}}{s^4}$, $\operatorname{Re} s > 0$

4.8 $\dfrac{2}{2s-1}$, $\operatorname{Re} s > 0$

4.9 (1) 略. (2) 数学的帰納法を用いて示せ. (3) $\dfrac{2s}{(s^2+1)^2}$

4.10 (1) $\dfrac{\omega}{s(s^2+\omega^2)}$ (2) $\dfrac{\omega}{s^2(s^2+\omega^2)}$

4.11 (1) $\dfrac{s}{s^2+1}$ (2) $\mathcal{L}[f*f](s) = \dfrac{1}{(s^2-1)^2}$, $\mathcal{L}[f*f*f](s) = \dfrac{1}{(s^2-1)^3}$

4.12 (1) $\dfrac{48s(s-2)(s+2)}{(s^2+4)^4}$ (2) $\dfrac{2}{(s+2)^3}$

4.13 (1) $\mathcal{L}^{-1}(F(s))(t) = t^2 + e^{2t}$ (2) $\mathcal{L}^{-1}(F(s))(t) = e^t - \sin t$
(3) $e^{-t}(\cos(2t) + 2\sin(2t))$

4.14 (1) $t^2 - \dfrac{1}{4}$ (2) $\cos(\sqrt{3}t)$ (3) $-8e^t + 3te^t + 8 + 5t + t^2$

4.15 $y(t) = -\dfrac{1}{2}(e^{-t} - \cos t - \sin t)$

4.16 (1) $y(t) = 2\cos t + 3\sin t$ (2) $y(t) = \dfrac{4}{3}e^{2t} - \dfrac{3}{2}e^t + \dfrac{1}{6}e^{-t}$

4.17 $x(t) = 1 - e^{-2t}\cosh t$, $y(t) = e^{-2t}\sinh t$

4.18 $y(t) = 2e^t - t - 1$

4.19 $x(t) = -te^t + e^t - 1, \quad y(t) = t - te^t$

章末問題

1. $\alpha \in \mathbb{C}$ とする．このとき，次が成り立つ：
$$\mathcal{L}\left[\alpha f(t)\right](s) = \int_0^\infty e^{-st}\left(\alpha f(t)\right) dt = \alpha \int_0^\infty e^{-st} f(t)\, dt = \alpha \mathcal{L}[f(t)](s).$$

2. $\alpha \in \mathbb{C}$ とする．このとき，ラプラス変換の線形性より $\alpha F(s) = \mathcal{L}[\alpha f(t)](s)$ なので，両辺のラプラス逆変換を行うと，示したい式を得る．

3. (1) $\dfrac{2+2s+3s^2}{s^3}$ (2) $\dfrac{3}{(s+2)^2+9}$ (3) $\dfrac{\omega}{s^2-\omega^2}$ (4) $\dfrac{2s(s^2-27)}{(s^2+9)^3}$
 (5) $\dfrac{1}{(s^2+1)(s^2+4)}$ (6) $\dfrac{4}{s^2+16} - \dfrac{5s}{s^2-4} + \dfrac{2}{s}$ (7) $\dfrac{se^{-2s}}{s^2+4}$ (8) $\dfrac{2}{s(s^2+4)}$

4. (1) $\dfrac{1}{2}\left(\dfrac{1}{5}\sinh(2t) - \dfrac{2}{5}\sin t\right)$ (2) $-\dfrac{1}{6}\sin(2t) + \dfrac{1}{3}\sin t$
 (3) $-\dfrac{1}{6} + \dfrac{e^t}{2} - \dfrac{e^{2t}}{2} + \dfrac{e^{3t}}{6}$ (4) $-t + te^t$ (5) $\dfrac{(t-a)^2 H(t-a)}{2!}$

5. $\dfrac{1}{s}\left(1 - e^{-sa}\right)$

6. (1) $\dfrac{1}{1-e^{-ps}} \int_0^p e^{-st} f(t)\, dt,\ \text{Re}\, s > 0$ (2) $\dfrac{1}{s}\tanh\dfrac{as}{2},\ \text{Re}\, s > 0$

7. $\dfrac{\Gamma(\lambda+1)}{s^{\lambda+1}}$ ($\Gamma(x)$ はガンマ関数)

8. $-\dfrac{C + \log s}{s}$ ($-C = \Gamma'(1)$, C:オイラー定数)

9. $y(t) = -\dfrac{1}{6}\sin(2t) + \dfrac{1}{3}\sin t$

10. $e^{-t}(1-t)$

11. $g(t) = e^{-ct}\dfrac{(ct)^n}{n!}$ (ヒント：$g(t)$ の両辺をラプラス変換し，式をまとめる)

参 考 文 献

[1] 宇野利雄・洪 姙植, ラプラス変換, 共立出版 (1974)
[2] 垣田高夫, シュワルツ超関数入門, 日本評論社 (1999)
[3] 熊ノ郷 準, 擬微分作用素, 岩波書店, 数学選書 (1974)
[4] E. クライツィグ (北原和夫・堀 素夫 訳), 常微分方程式 (技術者のための高等数学 1 [原書第 8 版]), 培風館 (1987)
[5] E. クライツィグ (阿部寛治 訳), フーリエ解析と偏微分方程式 (技術者のための高等数学 3 [原書第 8 版]), 培風館 (1987)
[6] 高木貞治, 解析概論 (改訂第 3 版), 岩波書店 (1983)
[7] 竹之内 脩, 常微分方程式, 秀潤社 (1977)
[8] 飛田武幸, ブラウン運動, 岩波書店 (1975)
[9] 一松 信・宇田川 銈・森口繁一, 岩波数学公式 I, II, III, 岩波書店 (1987)
[10] 溝畑 茂, 偏微分方程式論, 岩波書店 (1965)
[11] 渡辺信三, 確率微分方程式 (数理解析とその周辺), 産業図書 (1975)
[12] T. Hida, H. Kuo, J. Potthoff, L. Streit, *White Noise*, Kluwer (1993)
[13] S. Ikeda, S. Watanabe, *Stochastic Differential Equations and Diffusion Processes*, North-Holland (1980)

索　引

あ　行

一意解　147
　　1階線形連立常微分方程式の──の存在定理　152
1次独立な解　54
一様収束　90
1階線形微分方程式　25
　　──の解の構造　32
1階微分方程式　1
一般解　54
エネルギー保存の法則　6
エルミート多項式　94
エルミートの微分方程式　94
オイラーの公式　60, 103

か　行

解が存在しない　148
階数低下法　67
解析的　96
解の一意性　55
解の存在　55, 147
　　──と一意性　55
完全積分の方法　27
基本解　54
逆三角関数　4
逆ラプラス変換　109
　　──の線形性　127
　　　有理関数の──　132
曲線の長さに関する微分方程式　2

空間　80
係数行列　77
原点を中心とする同心円の満たす微分方程式　2
合成関数の微分の公式　8
　　──の応用　8
コーシー・リプシッツの定理　149
固有値　145
固有ベクトル　145

さ　行

作用素　74
指数関数　46
質点の運動　50
C^∞ 級関数　90
収束半径　90
消去法による連立微分方程式の解法　75
商の微分の公式　8
初期条件　55
数学的構造　77
整級数　87
積の微分の公式　8
積分因子　44
接線の方程式　6
絶対収束　88
線形作用素　74
双曲線関数　4

た 行

対数積分の公式　10
対数微分の公式　9
たたみ込み関数　119
ダランベールの階数低下法による解法　68
チェビシェフの多項式　94
置換積分の公式　10
定数変化法　26
　　——ロンスキャンによる解の表記　70
定積分と不定積分の関係　11
同次形微分方程式　19
同次方程式の一般解　54
特解　55
特性方程式　57

な 行

2階線形同次常微分方程式　53
2階線形非同次常微分方程式　53
2階微分方程式　1
ニュートンの法則　49

は 行

非同次方程式の一般解　55
微分演算子　74
微分積分の基本公式　9

微分方程式　1
　　——が解けた　2
付随する同次方程式　55, 63
部分積分の公式　9
フロベニウス法　96
ヘヴィサイド関数　114
べき級数　87
　　——で表される解の存在と一意性　91
　　——の一般性質　90
ベルヌーイ型微分方程式　33
　　——の解法　33
変数分離型微分方程式　12
法線の方程式　7
放物線　45

ら 行

ラプラス変換　101
　　——の線形性　111
　　——の存在のための十分条件　109
　　積分の——　118
　　たたみ込み関数の——　120
　　導関数の——　117
リッカチ型微分方程式　39
リプシッツ条件　149
ルジャンドルの多項式　94
ロンスキャン　54
　　——による解の表記　72

著者略歴

吉野　邦生
よしの　くにお

1980年　上智大学理工学部数学科数学専攻博士課程満期退学
現　在　東京都市大学知識工学部自然科学科教授，理学博士（上智大学）

吉田　稔
よしだ　みのる

1985年　大阪大学大学院数理系専攻博士課程修了
現　在　東京都市大学共通教育部（数学教室）教授，工学博士（大阪大学）

岡　康之
おか　やすゆき

2011年　上智大学大学院博士後期課程理工学研究科数学専攻修了
現　在　釧路工業高等専門学校一般教育科准教授，博士（理学）

Ⓒ　吉野邦生・吉田　稔・岡　康之　2013

2013年5月22日　初版発行

工科系学生のための
微分方程式講義

著　者　吉野邦生
　　　　吉田　稔
　　　　岡　康之
発行者　山本　格

発行所　株式会社　培風館
東京都千代田区九段南4-3-12・郵便番号102-8260
電話(03)3262-5256(代表)・振替00140-7-44725

D.T.P. アベリー・中央印刷・牧 製本

PRINTED IN JAPAN

ISBN 978-4-563-01148-2　C3041